U0161717

江苏高校哲学社会科学研究重大项目（2021SJZDA140）资助

非常规突发洪水事件演化及应急管理研究

李锋　尹洁◎著

中国财经出版传媒集团

经济科学出版社

Economic Science Press

图书在版编目（CIP）数据

非常规突发洪水事件演化及应急管理研究／李锋，尹洁著. --北京：经济科学出版社，2023.7
ISBN 978－7－5218－4901－1

Ⅰ.①非… Ⅱ.①李… ②尹… Ⅲ.①洪水-水灾-应急对策 Ⅳ.①P426.616

中国国家版本馆 CIP 数据核字（2023）第 120927 号

责任编辑：王柳松
责任校对：刘　昕
责任印制：邱　天

非常规突发洪水事件演化及应急管理研究

李锋　尹洁　著

经济科学出版社出版、发行　新华书店经销
社址：北京市海淀区阜成路甲 28 号　邮编：100142
总编部电话：010-88191217　发行部电话：010-88191522
网址：www. esp. com. cn
电子邮箱：esp@ esp. com. cn
天猫网店：经济科学出版社旗舰店
网址：http://jjkxcbs. tmall. com
北京季蜂印刷有限公司印装
710×1000　16 开　13 印张　190000 字
2023 年 7 月第 1 版　2023 年 7 月第 1 次印刷
ISBN 978－7－5218－4901－1　定价：59.00 元
（图书出现印装问题，本社负责调换。电话：010－88191545）
（版权所有　侵权必究　打击盗版　举报热线：010－88191661
QQ：2242791300　营销中心电话：010－88191537
电子邮箱：dbts@ esp. com. cn）

前　言

　　中国是世界上极端天气气候灾害最严重的国家之一。近年来，中国极端强降水事件的频率和强度发生变化，导致中国的区域性洪水灾害持续发生。如 1991 年淮河流域特大洪水、1998 年长江流域特大洪水、2003 年及 2007 年淮河流域连续发生特大洪水、2010 年海南特大洪水、2020 年河南特大暴雨洪涝灾害等，2000 年以来，洪水灾害造成的直接经济损失呈明显上升趋势。

　　非常规突发洪水是指，在自然因素下突然发生的，对社会造成广泛负面影响，严重威胁人民的生命财产安全，需要政府干预并立即采取应对措施的灾害性洪水。在非常规突发洪水的量化方面，一般是指，P-Ⅲ型频率曲线中最大月洪量出现频率在 10% 以内的洪水。非常规突发洪水作为典型的极端自然灾害，发生频率较低、强度较大，极易造成严重的社会经济损失，研究非常规突发洪水应急管理问题意义重大。

　　随着中国洪水管理理念转变，洪水管理体系逐步完善，洪水管理信息化水平不断提升，突发事件应急管理模式持续改善，在洪水治理框架下，利用信息化技术或信息化手段，结合当前情景状态、历史案例及专家知识，为应急决策者提供快速、有效的辅助决策知识，帮助他们科学、合理地制定应急方案成为研究热点。

通过分析中外文文献及深入调研中国洪水的应急管理现状，对非常规突发洪水进行概念界定与特征研究。针对中国非常规突发洪水应急管理方面存在的异构及不规则决策知识的表达、事件演化分析中状态数据的高维小样本、专家知识及历史案例信息的快速、高效辅助决策等，本书将在其他自然灾害应急管理领域已得到应用的知识元理论引入非常规突发洪水应急管理中，建立基于知识元理论的非常规突发洪水"情景—应对"应急管理体系，涵盖非常规突发洪水应急管理全过程，探索与研究知识管理在非常规突发洪水应急管理领域的深度应用。本书主要包括以下四部分内容。

1. 利用知识元理论实现非常规突发洪水事件系统的知识表达。通过对非常规突发洪水事件系统进行结构分析与层次分解，抽取非常规突发洪水事件系统要素，建立非常规突发洪水事件结构模型，构建非常规突发洪水领域的突发事件、承灾载体、环境单元及应急活动等知识元模型，通过知识元模型的实例化及实体化，实现非常规突发洪水事件系统的知识表达。

2. 研究非常规突发洪水事件关联度及演化风险。利用知识元模型中要素间的关系建立非常规突发洪水事件系统的超网络，利用超边相似度匹配算法计算非常规突发洪水灾害演化过程中各事件知识元的关联度。针对非常规突发洪水事件演化情景的高维度、小样本特征，将投影寻踪方法与信息扩散理论结合，计算具有关联关系的非常规突发洪水事件的演化风险。

3. 研究非常规突发洪水关键情景的最优检索及应急方案制定。引入基于证据推理的置信规则库推理方法，在非常规突发洪水情景信息不完整或不确定的情况下，充分利用专家知识与历史案例情景信息，实现对历史情景的精确检索，提高历史应急方案辅助决策的有效度，为快速生成应急决策方案提供支持。

4. 以淮河流域非常规突发洪水应急管理为例，构建淮河流域非常规突发洪水事件知识元系统，对非常规突发洪水应急情景进行规范表达，界定关键情景，实现基于证据推理的置信规则库推理方法的蒙洼蓄洪区启用情景的最优检索，制订应急方案，对非常规突发洪水应急管理体系的应用效果进行评价，并提出淮河流域蒙洼蓄洪区应急管理的对策建议。

本书系江苏高校哲学社会科学研究重大项目（2021SJZDA140）的研究成果之一，感谢江苏高校哲学社会科学研究基金、江苏科技大学学科建设发展基金的支持与资助。时间仓促，作者水平有限，书中难免存在不足或不妥之处，恳请读者批评指正，以便我们不断改进提高。

李锋　尹洁

2022 年 10 月

目　录

第 1 章

绪　论

1.1　研究背景与问题提出

1.1.1　研究背景

中国是世界上极端天气气候灾害最严重的国家之一。在全球气候变化的背景下，中国经济社会快速发展，环境压力、资源压力及生态压力持续加剧，极端天气气候事件造成的自然灾害，已成为影响和制约国民经济持续、稳定发展的重要因素之一。1984～2013年，中国天气气候灾害造成的直接经济损失年均为 1 888 亿元，占同期国内生产总值的 2.050%，损失最严重的 1991 年达到 6.280%，2001～2013 年，中国天气气候灾害造成的直接经济损失与同期年均国内生产总值的比值为 1.047%，而同期全球天气气候灾害的经济损失与各国国内生产总值总和的比值为 0.140%，美国为 0.360%，中国天气气候灾害造成的直接经济损失超过世界平均水平。①

受季风性气候影响，中国暴雨洪涝灾害频繁发生，在自然灾害中，无论是在受灾面积、分布区域、受影响人数还是在经济损失方

---

①　秦大河. 中国极端天气气候事件和灾害风险管理与适应国家评估报告［M］. 北京：科学出版社，2015.

面，洪涝灾害的影响都是最大的。在各类天气气候灾害中，暴雨洪涝灾害造成的直接经济损失占总损失的 40.600%。1950 年以来，受到洪水灾害影响，全国年均农田受灾面积 977.4 万公顷，成灾面积 539.8 万公顷，倒塌房屋 187 万间。1991～2020 年，中国因洪涝灾害造成年均直接经济损失 1 604 亿元，总计约 4.81 万亿元。2000 年以来，洪水灾害造成的直接经济损失呈明显上升趋势，1990～2020 年中国洪涝灾害经济损失分布，如图 1.1 所示。1990～2000 年，直接经济损失年平均值为 1 168.52 亿元；2001～2010 年，直接经济损失年平均值为 1 314 亿元；2011～2020 年，直接经济损失年平均值为 2 717.1 亿元。①

极端洪水灾害主要是由极端强降水事件导致的，近年来，中国极端强降水事件的频率和强度发生变化，强降水事件的影响程度加大，且呈现局地性、突发性、短历时和大强度的特点，导致中国区域性的洪水灾害持续发生。如 1991 年、2003 年、2007 年淮河流域特大洪水，1998 年长江流域特大洪灾，2010 年海南特大洪水，2013 年上海特大暴雨洪涝灾害，2014 年深圳两次暴雨洪涝、2016 年武汉特大洪水，2020 年河南特大暴雨洪水等。2021 年，中国日降水量极端事件站次比为 0.15，较常年偏多 0.05，全国共有 305 个国家气象观测站和地区气象观测站日降水量达到极端事件检测标准，其中，河南、陕西、江苏、新疆、四川等地 64 个国家气象观测站突破历史极值。2021 年，全国 83 个国家气象观测站连续降水量突破历史极值，主要分布在河南、陕西、福建、浙江、新疆等地，河南省郑州市连续降水量达到 852 毫米，全国连续降水日数极端事件站次比为 0.37，较常年多 0.24，为 1961 年以来历史第二多。2021 年，全国

①　数据来源于历年水利部《中国水旱灾害公告》《中国水旱灾害防御公报》，http://www. mwr. gov. cn/sj/tjgb/zgshzhgb.

共有 647 个国家气象观测站连续降水日数达到极端事件检测标准，其中，河南、河北、内蒙古、山东、天津、新疆、江西、湖南、贵州等地有 98 个国家气象观测站突破历史极值，广东蕉岭（61 天）和四川盐源（41 天）连续降水日数超过 40 天。[①] 2021 年，中国非常规突发洪水灾害事件比历史上任何时期都活跃，不仅危害人们的生命安全，还直接危及国家公共安全。

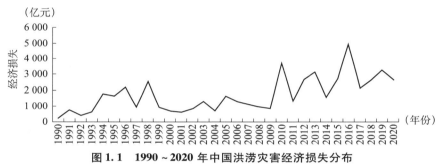

图 1.1　1990～2020 年中国洪涝灾害经济损失分布

资料来源：笔者根据 1990～2020 年水利部《中国水旱灾害公报》和《中国水旱灾害防御公报》的相关数据计算整理绘制而得，http：//www. mwr. gov. cn/sj/tigb/zgshzhgb/.

1.1.2　问题的提出

长期以来，中国在治理洪水过程中，主要从工程防洪措施方面进行布置，包括堤防、分洪区、蓄洪区、河道整治、防洪水库、城市防洪工程等，近年来，非防洪工程措施被逐步重视。非防洪工程措施主要涉及立法、政策、行政管理、经济、技术等各方面，包括分洪区、蓄洪区的管理运用和补偿、河道管理、洪水保险、洪水预报和警报系统、防御特大洪水方案等，把水文信息、气象信息、工情信息、灾情信息视为抗洪抢险救灾的重要依据，充分认识到现代化的通信技术、计算机技术及网络技术，是搞好防洪调度指挥的关

---

① 数据来源于 2021 年中国气候公报，http：//www.ncc-cma.net/channel/news/newsid/100006.

键方法。

中国洪水灾害应急管理研究工作从 20 世纪 90 年代开始更加受到重视，洪水灾害应急管理法制、应急管理体制、应急管理机制以及应急预案体系逐步完善。在法制建设方面，政策法律法规制度是中国洪水灾害应急管理的主要基础，有效地应对突发公共事件，需要完善的应急管理制度基础，从制度层面解决应急管理相关问题。目前，中国已经初步建立了从中央到地方的突发事件应急管理法律法规制度体系，如，《中华人民共和国防洪法》（1998 年开始实施并于 2016 年进行修正）、《中华人民共和国突发事件应对法》（2007 年实施）、《中华人民共和国水法》（2016 年修正）、《中华人民共和国防汛条例》（2011 年修订）、《中华人民共和国气象法》（2016 年修正）、《中华人民共和国防震减灾法》（2008 年修订）。

在洪水应急管理体制方面，从以条为主型管理转变为以块为主型管理，从事后管理向循环管理转变，逐步建立"统一领导、分级负责、分类管理、属地管理为主"的应急管理体制，[①] 逐步形成包含应急预警机制、应急响应机制、应急科学联动机制、应急保障机制和应急善后处置机制等高效、科学、覆盖应急全过程的管理机制。

2018 年，中华人民共和国应急管理部成立，应急管理是国家治理体系和治理能力的重要组成部分，承担化解重大安全风险、及时应对处置各类突发事件的重要职责，担负保护人民群众生命财产安全和维护社会稳定的重要使命。应急管理部议事机构包括国家防汛抗旱总指挥部、国务院抗震救灾指挥部、国务院安全生产委员会、国家森林草原防灭火指挥部、国家减灾委员会、国家矿山安全监察局、中国地震局、国家消防救援局、森林消防局、国家安全生产应

---

① 突发事件应急预案管理办法，https：//www. gov. cn/zwgk/2013 – 11/08/content_2524119. htm.

急救援中心等机构。

应急管理部需要统筹改革和应急两方面，既要以有效的应急措施为改革塑造良好的环境，也要持续深化改革不断提高应急能力。应急管理部主要负责"组织编制国家应急总体预案和规划，指导各地区各部门应对突发事件工作，推动应急预案体系建设和预案演练。建立灾情报告系统并统一发布灾情，统筹应急力量建设和物资储备并在救灾时统一调度，组织灾害救助体系建设，指导安全生产类、自然灾害类应急救援，承担国家应对特别重大灾害指挥工作。指导火灾灾害、水旱灾害、地质灾害等防治。负责安全生产综合监督管理和工矿商贸行业安全生产监督管理等。公安消防部队、武警森林部队转制后，与安全生产等应急救援队伍一并作为综合性常备应急骨干力量，由应急管理部管理，实行专门管理和政策保障，采取符合其自身特点的职务职级序列和管理办法，提高职业荣誉感，保持有生力量和战斗力。应急管理部要处理好防灾和救灾的关系，明确相关部门和地方各自的职责分工，建立协调配合机制。"① 国家防汛抗旱总指挥部划归应急管理部，统一指挥、专常兼备、反应灵敏、上下联动、平战结合，使得符合中国实际情况的应急管理体制更加完善，推动中国突发洪水应急管理水平进一步提升。

在应急预案体系建设方面，逐步形成了总体预案和专项预案相结合的应急预案体系，流域洪水应急管理相关预案主要包括《国家突发公共事件总体应急预案》《国家防汛抗旱应急预案》《国家自然灾害救助应急预案》《长江流域防汛抗旱应急预案》等。通过"一案三制"（应急预案、应急管理体制、应急管理机制和应急管理法制）的建设与完善，中国的突发洪水应急管理体系逐步建立，直接

---

① 引自中华人民共和国应急管理部网站，https：//www.mem.gov.cn/jg/zyzz/201804/t20180416_232220.shtml.

推动中国洪水应急管理水平快速提升，有效地提高应急管理效率，显著降低了洪水灾害中的人员伤亡数量及房屋倒塌数量。21世纪以来，除2010年外，洪涝灾害造成死亡人口数量整体呈下降趋势；2000～2010年，洪涝灾害造成房屋倒塌年平均值122.78万间；2011～2020年，洪涝灾害造成房屋倒塌年平均值降到30.68万间，其中，2020年约为9万间，下降趋势极为显著①，2000～2020年中国洪涝灾害造成房屋倒塌情况，如图1.2所示。

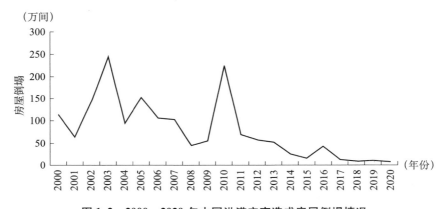

图1.2　2000～2020年中国洪涝灾害造成房屋倒塌情况

资料来源：笔者根据2000～2020年水利部《中国水旱灾害公告》的相关数据计算整理绘制而得，http：//www.mwr.gov.cn/sj/tjgb/zgshzhgb/.

非常规突发事件的典型特征，是表现形式复杂、前兆不充分、难以预测、破坏严重和次生危害、衍生危害严重。当非常规突发事件发生或出现征兆时，应急决策一般都要面临极为严峻的决策环境：决策信息的局限性、决策环境的复杂多变性、决策程序的非常规性、决策时限的紧迫性、决策效果的高风险性等。对非常规突发洪水事件而言，应急管理决策者面临以下四个问题。

---

① 数据来源于历年水利部《中国水旱灾害公告》《中国水旱灾害防御公报》http：//www.mwr.gov.cn/sj/tigb/zgshzhgb/.

1. 非常规突发洪水应急情景要素众多、关系复杂

非常规突发洪水涉及河流、湖泊、水库、行蓄洪区、城市、农村等要素，应急管理主体众多。根据《中华人民共和国防洪法》（2016 年修订）、《中华人民共和国防汛条例》（2011 年修订）、《中华人民共和国抗旱条例》（2009 年颁布），防汛抗旱工作实行各级人民政府行政首长负责制，地方政府与流域管理机构都是突发洪水应急管理主体，大江大河、大型水库及防洪重点中型水库、主要蓄滞洪区、重点防洪城市等行政责任人承担防汛责任，同时，涉及应急管理部、水利部、民政部、农业农村部、交通运输部等十几个机构或团体，各应急管理主体间形成纵横交错的复杂网络关系。

2. 非常规突发洪水情景演化随机性更强且更迅速

暴雨、风速、水文等因素具有随机性、模糊性，因此，受这些因素影响的洪水演化具有不确定性及不可预知性，更具破坏性，次生灾害事件及衍生灾害事件更易发生，灾害影响范围更易扩展。以暴雨型洪水为例，降雨的时空分布和雨量大小都是动态、随机、不确定的。因为地形地貌、植被等下垫面状况不同，以及防洪调度决策的影响，所以，洪水发生的概率、时间、强度、破坏程度等都具有高度不确定性及随机性。

3. 非常规突发洪水应急决策更具复杂性

非常规突发洪水应急管理决策过程时间紧迫、信息匮乏、资源紧张，同时，应急管理决策要求具备多目标性。非常规突发洪水发生频率低，历史资料、历史数据较少，因为建筑环境、技术、人口、经济等条件的变化，所以，非常规突发洪水应急管理决策经验很难直接作为现有应急情景的参考，同时，非常规突发洪水应急决策过程涉及经济、社会、工程、自然环境等诸多因素，既要保证受灾群众的生命财产安全，又要综合考虑如何使整体损失达到最低，又受到自然条件、资源分配的严重约束。

4. 非常规突发洪水发生频率低，但造成损失大

与一般性、经常发生的洪水灾害相比，破坏性大的极端洪水很少发生，在几年或者更长时间内才发生一次。虽然非常规突发洪水发生频率低，但造成的影响及损失巨大。

传统"预测—应对"型应急决策模式已经不能适应非常规突发洪水应急管理的需要，"情景—应对"型决策模式被认为最适合应对非常规突发事件。建立基于情景依赖的非常规突发洪水应急管理体系，非常必要。结合非常规突发洪水情景，掌握应急情景演化态势，做出快速响应，实现非常规突发洪水事件应急处置的高效率和高速度，将突发事件的影响及损失控制在最小范围内，达到提高预防、处置非常规突发洪水灾害事件的应急能力。

1.2　中外文文献研究现状

1.2.1　非常规突发洪水事件的界定及特征

1. 非常规突发事件的界定及特征

非常规突发事件在欧洲、美国被称为极端事件（extreme events），简单理解极端事件即为小概率事件。欧洲高等法院及相关学者认为，这种极端事件会造成公共紧急状态，影响全体公民的基本权利，对社会秩序造成极大损害，导致正常法律制度无法有效运行的特殊社会状态（Harris et al.，2014）。美国学者萨雷维茨等（Sarewitz et al.，2000）从事件性质及特征角度对极端事件进行界定：来源于社会环境和自然环境、极端突然、具有潜在严重威胁性、存在交互影响、非线性响应、推进地区系统变化的事件。贝尼斯顿等（Beniston et al.，2007）归纳了极端事件的三个典型特征：（1）发生频率相对较低；（2）有相对较大的强度值；（3）导致极其严重的经济损失。

2008 年，国家自然科学基金委员会实施"非常规突发事件应急管理研究"重大研究计划，界定非常规突发事件：前兆不充分，具有明显的复杂性特征和潜在次生损害、衍生损害，破坏性严重，采用常规管理方式难以应对处置的突发事件。[①] 在此指导框架内，相关中文文献从情景角度或状态角度，对非常规突发事件进行深入分析。赵云锋（2009）指出，非常规突发事件是指，极少发生或没有发生过的，对其缺乏演化规律认知和处置经验的突发事件。姜卉和黄钧等（2009）定义非常规突发事件为一种危机情景，情景中包括应急决策主体正在面对事件的时间特征和状态描述，还包括事件的发生态势、发展态势。傅琼和赵宇等（2013）在危机情景基础上定义了紧急状态的概念，认为非常规突发事件是打破社会系统平衡的社会治理紧急状态，需要应急管理主体突破常规管理模式及原有治理方式才能应对。石密等（2020）指出，非常规突发事件是突发事件的一种极端情形，其问题性质极其复杂、危害程度异常严重，预案制定面临巨大挑战，尚无可以借鉴的应急管理方案。

非常规突发事件作为突发事件有以下两种极端情况。

第一，具备突发事件的一般特征：（1）突发性，事件爆发的急促性，导致短时间内难以预料事件的起因、程度、范围等要素；（2）蔓延性，突发事件往往蔓延得极其迅速，特别容易引发次生灾害、衍生灾害，对经济、社会、财产和生命造成巨大损害；（3）事件对象的群体性，突发事件直接波及公共利益，在社会层面、公众

---

① "非常规突发事件应急管理研究"重大研究计划取得系列成果［EB/OL］. https：// www. nsfc. gov. cn/publish/portal0/tab440/info72681. htm.

层面造成负面影响；（4）处置的紧迫性，事件的处置要求准确、及时，并敢于面对事件的发展趋势做出关键应对措施。

第二，具有明显区别于常规突发事件的专属特征：罕见性、复杂性、突发性及应急决策的非常规性。

（1）罕见性。一方面，事件发生概率比常规突发事件更低、事件发生时间间隔比较长，事件可能从未发生过，乃十年不遇或百年不遇的重大事件；另一方面，表现在社会环境、地理环境及生态环境的变化而导致的从未发生过的事件，也可能是随着经济社会发展在某种巧合情况下发生的事件。

（2）复杂性。非常规突发事件呈现出多因素、多主体、多阶段及多目标决策的复杂特征，事件演化过程呈现快速、复杂、动态的特征，演化原因及发展结果具有高度不确定性，会根据事件发生的空间、时间等特征引发不同类型的次生灾害，导致大面积次生事件、衍生事件发生，这些次生事件与衍生事件、突发事件之间存在密切关系。突发事件状态多变，突发事件与多主体之间的关系纵横交错，突发事件在不同阶段有不同的特征，这也要求应急管理预案必须考虑到如果突发事件在发生初期不能得到有效控制，那么，在之后的不同时间段、不同事件演化阶段应该采用何种适合的应急管理措施。

（3）突发性。没有任何预兆或者预兆不易被察觉及监测，突然发生并伴随着该类事件的高破坏性，事件发生后，因为时间短、危害严重，所以，受灾方没有提前准备的时间、空间，应急管理部门也无法立即进行有效响应。

（4）应急决策的非常规性。因为非常规突发事件发生的不确定性及其影响力的迅速扩张、破坏性较大，应急情景具有高约束性和压力性，应急决策主体信息缺失，所以，不能依循常规决策规则和常规决策经验。在事件发生前、事件发生中、事件发生后都存在诸多不确定性因素，对既定应急预案的执行产生极大阻碍，应急管理过程中的非可控性与不确定性，无法让应急管理决策者确保应急处置措施最优化，这也决定了非常规突发事件应急管理决策过程与应急决策模式都不能照搬常规突发事件。

2. 非常规突发洪水事件的界定与特征

在非常规突发事件概念的基础上，中外文文献对自然灾害及洪水领域的非常规突发事件的界定进一步细化。

非常规突发洪水大多是因极端天气气候而引发的（Karl et al.，2008；Esteves，2013），2010 年世界气象组织（World Meteorological Organization，WMO）明确定义极端天气气候事件：天气气候状态严重偏离其平均态，在统计意义上属于不易发生的小概率事件。同时，世界气象组织界定极端性标准：表征指标值低于（或高于）其分布下限（或分布上限）末端附近的某一极限值。联合国政府间气候变化专门委员会（Intergovernmental Panel on Climate Change，IPCC，2007）进一步明确这一阈值，小于等于第 10 个（大于等于第 90 个）百分位的事件，或者出现概率小于或等于 10% 的事件被称为极端事件。张利平等（2011）、高超和陈实（2012）等在该阈值标准的基础上，提出极端事件的阈值标准因地区不同而异，对于不同地区不能用完全统一、固定的阈值。

2008 年，中国水利部在《流域性洪水定义及量化指标研究》中明确各级洪水的具体指标，按照水文要素重现期将洪水划分为特大洪水、大洪水、中等洪水和小洪水 4 个量级，其中，重现期超过 50 年称为特大洪水，重现期为 20～50 年称为大洪水，重现期为 5～20 年称为中等洪水，重现期在 5 年以下称为小洪水。比翁迪等（Biondi et al.，2008）提出，从峰值、累积强度（幅度）和持续时间 3 个变量对洪水事件进行定量描述。郝振纯等（2011）结合水利部流域性洪水定义及量化指标,建议采用洪水重现期作为特征指标,并以最大月洪量作为极端洪水的确定标准。张利平等(2011)、吴志勇等(2012)则建议,对于较大流域可采用最大 3d 洪量或最大 5d 洪量,或者采用洪峰流量作为标准,将洪峰流量排频,使用百分位值的方法,定义极端洪峰流量阈值作为极端洪水的标准。任福民等(2014)提出区域性极端事件客观识别法(an objective identification technique for regional extreme events,OITREE),通过 5 个技术步骤进行识别:(1)选定单点逐日指数;(2)逐日自然异常带分离;(3)识别事件时间连续性;(4)明确区域性事件指标体系;(5)区域性事件极端性判别。

王慧敏等(2016)通过分析、比较、借鉴国内外学者对于极端事件、极端洪水干旱的概念界定,结合中国水灾害的特有状况,定义非常规突发水灾害为:"在自然因素或人为因素下突然发生的,对社会造成广泛负面影响,严重威胁多数人的生命财产安全,需要政府干预并立即采取应对措施的灾害性重大涉水事件"。

结合极端天气气候定义及流域洪水定义,在非常规突发水灾害定义的基础上,本书界定非常规突发洪水:在自然因素下突然发生的,对社会造成广泛负面影响,严重威胁多数人的生命财产安全,需要政府干预并立即采取应对措施的灾害性洪水事件。从非常规突发洪水的量化方面,一般是指,P-Ⅲ型频率曲线中最大月洪量出现频率在 10% 以内的洪水,即最大月洪量重现期大于 10 年的大洪水及特大洪水。吴永祥等(2011)根据淮河流域郑州、阜阳等 8 个水文站旱涝等级及 1971~2010 年 5~9 月的雨量资料,运用区域旱涝等级评定方法,对淮河流域旱涝等级进行综合评价,界定淮河流域极端洪涝标准为流域旱涝指数大于 1.4。以此标准计算 1470~2010 年淮河流域发生极端洪涝灾害 63 次,平均每 8.6 年发生 1 次洪涝灾害,基本上验证了重现期为 10 年的非常规洪水标准的适用性。

　　非常规突发洪水具有一般洪水灾害的共性特征，如，不均匀性、差异性、多样性、随机性、规律性、可控性、自然属性和社会属性的双重属性等，同时，具有频率低、损失巨大、预测困难等特有的复杂性特征。王慧敏等（2012，2014）针对非常规突发洪水开展了深入研究，从洪水发生的频次及损失强度描述非常规突发洪水特征，事先无法准确预知，洪水强度较大，发生频率较低，极易造成严重的社会经济损失；引发非常规突发洪水的主要原因是，某一特定时期内发生在统计分布之外的罕见暴雨。同时，对于极端洪灾而言，发生过程相对较长，灾情的发生趋势虽可以预测，但灾害爆发的精准时间、精准范围等关键信息无法预测。周超等（2014）指出，对于流域水系而言，突发事件来势迅猛、反应时间短、起因复杂、蔓延迅速、危害严重、影响广泛，远远超出政府管理机构的常态管理能力。

1.2.2　非常规突发洪水事件演化研究现状

　　突发事件演化是指，不同事件间在物质形式及化学形式、性质类别、发生范围及发生区域等方面的种种变化，突发事件的演化过程可视为一个复杂系统。一件事情的发生导致其他事情的接连发生，事件之间可能不具备明显的相关性或相似性，但有一定内在的逻辑关系，内在的逻辑关系主要包括蔓延、转换、衍生和耦合四种形式。向良云（2012）将突发事件演化从生命周期视角，界定为事件在人工干预和自然演化的综合作用下，逐步演变、升级直至平息、消解的过程。

1. 突发事件演化研究现状

　　目前，有关突发事件演化的研究主要分为两个方向：突发事件演化模型及突发事件演化机理。突发事件演化模型主要采用定性分析方法对系统的成因及阶段特征进行描述和分析。

（1）突发事件演化模型。

从系统论的研究视角，突发事件是自然系统、工程系统及社会系统互相作用和变化的结果，是复杂、动态的社会经济环境系统交互作用的突现。社会经济环境系统内的作用与变化，随时间序列呈现出生命周期特征。特纳（Turner，1976）将突发事件的演化过程，分为理论上事件的开始点、孵化期、急促期、爆发期、救援期（援助期）、社会调整期六个阶段，随后，又对灾害前阶段模型进行补充。斯托林斯和夸兰特利（Stallings and Quarantelli，1985）从灾害造成的影响角度，按照灾害演化时间顺序，分析灾害发生前、灾害发生过程中及灾害发生后的影响。托夫特和雷诺兹（Toft and Reynolds，1994）从系统失误和文化重新调整视角，将灾害事件分为独立而又相互联系的三部分：①孕育期；②社会技术系统爆发事件、灾害爆发、灾害救援期；③调查报告和反馈期。伯克霍尔德和图勒（Burkholder and Toole，1995）按照紧急事件的阶段特征，将紧急事件演化过程分为急性紧急事件、晚期紧急事件以及后紧急事件三个阶段，并提出必须按照典型的阶段特征设定处置目标、采取相应的措施平息紧急事件。米莱蒂等（Mileti et al.，2002）最早提出了反应、恢复、准备、减灾四阶段灾害生命周期。沙鲁夫等（Shaluf et al.，2002，2003）从系统稳定态偏移的角度划分灾害的不同阶段：错误发生、错误集聚、系统警告、系统自行改正或自行纠正、系统不安全态、诱发事件爆发以及系统保护防卫。突发事件演化模型主要从定性分析角度，总结突发事件发生过程的阶段、特征及特点。

（2）突发事件演化机理。

在突发事件演化模式研究的基础上，目前，突发事件演化机理研究主要采用可行的定量方法，从操作性层面进行深入研究，确定事件机理的概念，明确原理性机理的四种演化机理，即转化、蔓延、衍生、耦合，研究事件之间相互作用的模式、规律等演化机理，为明晰应急决策目标、优化应急程序、指导决策主体有效地应对突发事件提供有力的帮助。目前，突发事件演化的研究角度主要可分为四种：基于情景、基于动力学原理、基于事件链、基于网络等。

①基于情景的非常规突发事件演化机理。

应急决策人员在不确定的环境下，需要对突发事件的情景进行研判，掌握突发事件的当前状态，准确判断突发事件的发展趋势，结合情景变化情况实时动态决策。这些都需要科学、合理地对情景进行形式化描述，通过态势分析和推演建立基于情景的演化路径，应急策略与情景的高度匹配等。

情景的形式化描述取决于对情景概念的定义和分析，姜卉等（2009）从"情景—应对"界定情景，决策主体面对的突发事件的发生态势、发展态势，态是指，事件的当前状态，事件内在的发展规律与外在力量共同作用，导致事件从过去发展到决策主体面对的结果；势则是指，突发事件从当前状态发展到未来的趋势。李仕明等（2014）加入了主观意愿的概念，用景况和情势对情景态势进行进一步解释，应急决策者通过主观意愿或主观意图，表达对当前事件发生状况、发展趋势的设计与规划。仲秋雁（2014）从静态视角和动态视角对态势进行进一步研究，静态视角的情景可视为突发事件当前的情景快照，明晰情景结构要素，呈现对当前事件状态的准确描述，动态视角的情景研究、情景演变过程，进一步明确突发事件的演变诱因、演变方向及演变路径。王颜新等（2012）深刻辨识了情景与情境两个概念内涵的不同。在静态视角下，突发事件情景是突发事件在具体时刻上的属性状态描述；在动态视角下，情境是情景发生、发展的环境，包括与事件情景相关的组织、社会环境及自然环境等结构因素，以及相关人类主体的心理、经验等感知驱动因素。情景态势的定义，为研究突发事件演变构建了本体论意义上的依据。

刘铁民（2012）从时间序列视角分析情景，指出情景不是典型案例的片段或整体再现，而是一种将历史发生过的真实事件与未来事件相结合，预期风险的发生、发展及其演变过程与演变规律，总结、凝练而成的虚拟情景，是无数同类事件和预期风险的系统整合，是基于真实背景对某一类突发事件的普遍规律进行全过程、全方位、全景式的系统描述。杨保华和方志耕（2012）指出，情景是许多重要参数的集合，参数值表示系统情景的状态。仲秋雁（2012）指出广义的情景，是突发事件演变过程中所有灾害要素的集合；狭义的情景，则仅是在非常规突发事件发生、发展过程中的某一时刻所有灾害要素的状态集合，灾害要素包括事件以及事件所处环境中各类要素的集合。钱静等（2015）指出，多维情景空间方法，是以情景作为推演的基本单元、以要素作为情景表达的基本维度，建立多维空间坐标系统，将情景表达为多维情景空间中由若干个点构成的轨迹，实现对情景、情景相似度、情景推演的量化描述，参数状态的情景定义为定量分析情景、情景推演网络化奠定了基础。于超（2020）通过对非常规突发事件情景构建与情景演化关键技术的研究，聚焦非常规突发事件情景构建、情景演化和情景信息融合，明确了非常规突发事件在应急管理研究中情景的演化机理。陈英达（2019）面对突发事件实时情景，结合专家的主观经验和BP神经网络的计算结果构建置信规则库，通过属性间的相关系数确定置信规则的前提属性权重，基于模糊理论将实时情景信息转化为推理过程中的输入，通过置信规则的激活过程和组合过程推理输出目标情景状态，实现突发事件情景推演过程，充分利用专家的主观经验和对客观演化规律的认识解决情景建模和推理过程中的各种不确定性。

②基于动力学原理的非常规突发事件演化机理研究。

从非常规突发事件演变过程系统动力学分析可知，系统中各种增熵因子和负熵因子综合作用，推动系统从有序到无序，再从无序发展到有序，最终达到某种平衡态，演变过程中突发性、动态性、不规则性和复杂性等特征明显，事件的演化系统属于典型的耗散结构。

史培军（2005）指出，区域自然灾害的形成符合动力学机制原理，由孕灾环境、致灾因子和承灾体共同组成的地球表层异变系统构成区域灾害系统，系统内各子系统相互作用导致自然灾害、灾情发生，以此建立灾害形成机理与过程耦合的灾害动力学模型。刘铁民（2006）详细分析了重大事故孕育、发生、发展和激变的动力学特征，研究、比较了大量典型重大事故，应用系统动力学理论总结了重大事故闭环反馈控制的调控机制。李红霞等（2011）运用系统动力学中的熵理论和耗散结构理论，对非常规突发事件中的熵态变化情况进行解释，将增熵因子、负熵因子和系统承载能力作为系统的控制变量，建立非常规突发事件系统动力学扇状模型。曹娴（2012）将非常规突发事件演化系统分解为人为因素、环境因素、机器设备因素以及应急管理因素四大子系统。李勇建等（2015）从属性层面界定事件的发展演化方式，划分为直链式、集中式、发散式和循环式。温宁和刘铁民（2011）基于传染病模型的思路，提出城市重大危机事件演化动力学模型，在考虑外部因素对事件链影响的情况下，对事件从正常状态到危机状态沿事件的时间的发展趋势和发展规律进行了分析。仲秋雁等（2014）引入突发事件知识元模型，建立了知识元模型的数据描述与系统动力学变量之间的对应关系，实现了对一般性突发事件的仿真。

③基于事件链的非常规突发事件演化研究。

在突发事件演化过程中，某一事件的发生引发或诱发一系列次生事件、衍生事件的发生、发展，这些事件之间存在某种必然联系，这种联系构成了事件与事件之间的链式关系。

灾害链的理论概念和分类由中国著名地震学家郭增建和秦保燕（1987）首次提出，是中国科学家的自主创新成果，将灾害链分为因果链、偶排链、同源链及互斥链四类，也可分为共发性灾害链或串发性灾害链。门可佩和高建国（2008）指出，灾害链是不可逆的动态变化过程，对灾害链之间关系的研究是预测重大灾害的关键途径，前一个灾害可以提供后继重大灾害发生的关键信息。灾害及灾害链演化过程中的源头因素是外部环境输入，灾害链延续的必要条件是灾害要素之间的关联关系，灾害链中事件的发生是由所在区域的动力学环境、介质结构及诸多物理因素、化学因素组合的不均衡性与连续的、自然的系统演化过程决定的。自然灾害链式关系环的存在，使得自然灾害演化过程具有不可逆性、记忆性、间断性、自组织性和路径敏感性，以及与此紧密相关的诸多复杂现象。

在灾害链理论基础上，中文文献对突发事件链的结构、关系及演化规律进行了研究。袁宏永等（2008）通过事件链准确描述突发事件发展的不同阶段、不同过程、可能造成的次生事件与衍生事件之间的链式关系。杨元勋（2013）从事件释放压力与事件孕育系统阈值之间的关系，研究了突发事件链的传导扩散机理。梅涛和肖盛燮（2012）通过构建系统的多灾害种类模型，分析各灾种之间的耦合关系和相互影响，研究单灾种向多灾种的演化机理。灾害链灾情累积放大效应过程的动态模拟至关重要，关键在于模拟灾害链系统各要素时间与空间上的耦合。刘永志等（2021）从灾害链视角对洪涝灾害进行研究，全面认知洪涝灾害的形成机制、时空分布规律以及洪灾损失，系统探讨洪涝灾害以及衍生灾害的应对策略。

在中文文献对突发事件演化方向进行研究的同时，事件向次生事件演化的概率也是研究重点之一。季学伟等（2009）运用复合事件概率分析、事件后果评估模型等方法，分析、计算可能事件链场景的概率和后果，运用基于演化动力学的风险评估方法、基于指标体系风险评估等方法，针对关注的事件链场景进行定量风险评估。李藐等（2010）将复杂事件分解为简单事件，即单一原生事件或者单一次生事件、单一衍生事件，通过简单事件中致灾因子、承灾体、新致灾因子可能的变化状态以及相应状态的概率叠加，计算原生事件引发的次生事件、衍生事件发生的概率。裘江南等（2012）构建了突发事件贝叶斯网络模型，对突发事件引发的连锁反应路径与潜在损失进行分析和预测。

④基于网络的非常规突发事件演化研究。

突发事件演化系统由若干事件及事件间的演化途径构成，将突发事件及次生事件、衍生事件视为网络节点，事件间的演化途径视为网络中节点与节点之间的连接边，用网络图的形式表达突发事件演化系统，可以清晰地看出突发事件演化的网络特征。通过网络结构能够清晰地表达突发事件演化系统内，各事件间以及内部要素间的作用关系，可以条件概率的形式明确内部要素间的关联强度。网络中各变量的含义及内涵丰富，变量状态可以量化，通过对突发事件链中变量状态值的变化进行分析，可对事件未来情形实现定量预测。目前，非常规突发事件演化的网络研究方法，主要有复杂网络、贝叶斯网络、神经网络、佩特里网络等。

在利用复杂网络理论研究非常规突发事件方面，主要是通过研究非常规突发事件网络结构及网络特征等，探索复杂网络中隐藏的规律，预测复杂网络行为。突发自然灾害演化网络结构通常包括四种：直链式网络结构、直链发散式网络结构、自循环式网络结构、发散集中式网络结构。每种网络结构的特征各不相同，不同的网络结构对自然灾害事件演化过程的影响程度各不相同。复杂网络研究的核心内容是网络的拓扑结构，德国学者卡斯滕等（Karsten et al.,

2008）基于复杂网络中心性及关键节点理论，研究网络上部分关键节点或边剪除后网络拓扑结构的变化，建立灾害蔓延的动力学模型，以此提出预防灾害的有效措施。该文献为中文文献利用网络探索灾害演化提供了研究基础。胡明生等（2013）根据灾害发生的时间跨度计算灾害间的共现率和引发率，根据引发率对灾种建立复杂网络模型，通过度、点权、点介数等方法研究复杂网络中每个节点的重要性，以此研究灾害间的内部关联。卞曰瑭等（2011）从非常规突发事件客体演变特性、传播主体特点两个维度，构建突发事件传播网络演化模型，以高斯分布表达非常规突发事件传播过程中呈现的周期性特征，研究结果表明，非常规突发事件传播网络演化模型具备无标度网络的特征。陈长坤等（2009）运用复杂网络分析冰雪灾害危机事件演化过程，对冰雪灾害危机事件演化网络结构进行了分类，得出冰雪灾害危机事件衍生链的特征及危害程度。张伟（2014）构建了基于复杂社会网络的网络舆情观点聚合模型，利用计算机仿真方法模拟了初始时刻杂乱纷呈的个体观点走向一致、极化和分簇的现象，分析了个体观点接受度、信任阈值、个体观点初始分布、网络结构及意见领袖对网络舆情观点聚合的影响。刘奕等（2018）提出以动态锚定、有效策略、底线原则三准则为核心的非常规突发事件应急决策理论与应急决策范式，并提出数据模型混合驱动的情景计算方法，完成基于情景计算的仿真系统架构设计、建模方法、可视化交互及系统实现等。

　　贝叶斯网络使用层次化的框架系统表达网络中的各种变量信息，通过图形化的形式描述变量间的因果关系，能够处理系统中不精确、不完全或模糊的信息，是目前不确定知识表示和推理最有效的模型之一，适用于复杂系统建模和推理，目前，已广泛应用于非常规突发事件演化研究。裘江南等（2012）采用贝叶斯网络进行突发事件链建模，将具有关联关系的突发事件贝叶斯网络合并，通过选取合适的变量和网络结构，构建突发事件预测贝叶斯网络模型，该模型通过不确定性推理，结合各领域的统计数据和专家知识，预测各类突发事件的主要状态与损失后果。袁晓芳等（2011）利用"压力—状态—响应"（pressure-state-response，PSR）模型，使用压力、状态、响应三个要素，利用网络化方式、符号化方式描述非常规突发事件中情景的演变过程。方志耕等（2009）用贝叶斯推理理论建立图解评审技术（graphic evaluation and review technique，GERT）网络中事件演化路径的概率推理模型，以此进行基于贝叶斯推理的灾害动态演化。于超等（2020）运用动态贝叶斯网络模型的理论知识，构建非常规突发事件的情景演化模型，解决非常规突发事件情景演化分析过程中信息的不确定性问题和不完全问题，以简化后的兰州石化管道泄漏导致水污染事件为例，实现了情景演化的可视化仿真。

关于其他网络理论在非常规突发事件演化应用方面，荣莉莉和张荣（2013）使用霍普菲尔德（Hopfield）神经网络将突发事件连锁反应路径的推演过程映射为网络演化过程，实现对突发事件连锁反应路径的推演。王循庆（2014）根据随机佩特里（Petri）网与马尔科夫链的同构关系，基于马尔科夫链标识转移概率预测震后次生灾害演化。李慧嘉等（2017）将非常规突发事件用本体形式表示，分析了事件之间不同类型的逻辑关联及程度，构建了非常规突发事件的本体关联网络，在网络拓扑分析基础上，提出了一种利用交互时间距离（commute time distance，CTD）的快速搜索算法，利用谱分析和复杂网络性质分析，能快速找到与新加入节点（新发生突发事件）最相关的案例。陈磊等（2011）利用非确定有限自动机（non-deterministic finite automatora，NFA）演化模型及对应演化算法，构建非常规突发事件演化可计算模型，实现形式化描述突发事件演化规则，以及事件处置方案选择和构建资源调度关联函数。陈雪龙和肖文辉（2013）利用知识元属性间的关系，基于知识元理论构建知识元网络模型，实现从知识元层面分析非常规突发事件演化过程，为非常规突发事件演化分析提供相对微观的、跨领域、综合的知识支持。

2. 突发洪水演化研究现状

突发洪水的演化研究主要从两个角度：水文水动力学角度和洪水应急管理角度。

（1）从水文水动力学角度来说，洪水演化主要是根据水文水动力学模型，从物理学角度反映下垫面条件的变化对洪水演进过程的影响，准确地预测洪水自然特征的变化，比较真实地反映洪水的演化过程。目前的洪水演进模型主要有，以水文学为基础的对流扩散波模型（如马斯京根洪水演进模型），以计算流体力学为基础的洪泛区二维洪水演进模型（如水池模型），以及以计算水力学为主结合水文学的动力模型，动力波演算方法是目前使用最普遍的洪水演算方法之一（周平，2007）。流域洪水演进模拟模型多以特定流域为对象，专门用于指定流域的模拟与分析，如，长江中游洞庭湖、太湖等流域防洪系统水流模拟模型，行蓄洪区型流域洪水演进模型，内涝型流域洪水演进模型等。王书霞等（2019）以澜沧江流域为研究对象，通过四种模式的输出数据耦合可变渗容量模型（variable infiltration capacity，VIC）分析四种模式在 1961～2005 年对洪峰洪量极值（年最大洪峰流量、3d 最大洪量）、极端洪水的模拟能力，比较 RCR2.6 气候情景和 RCP6.0 气候情景两种情景下 2021～2050 年的年均径流量与 1971～2000 年基准期相比的变化情况，并结合 P-Ⅲ型分布曲线预估了澜沧江流域在两种情景下未来时期极端洪水的强度变化情况。

卫星定位、遥感和地理信息系统等技术的应用，为洪水演进模

型的建立提供了更准确而丰富的多元化信息（Yalcine，2019），极
大地提高了洪水演进过程中相关数据的准确度和可靠性。葛小平等
（2002）结合三维模拟技术，利用对象关系模型数据库，采用水动
力演进模型，模拟浙江奉化区域洪水的淹没范围和淹没水深。伍建
涛（2013）利用地理信息系统（geographic information system，GIS）
技术，分类分析三峡区域综合防洪态势，探索研究不同洪水态势下
防洪应急的演化过程。刘懿（2013）结合流域水资源管理特性，基
于二维水动力学模型的计算结果，实时、动态、直观地展示水资源
二维动态演进过程。李致家等（2021）在总结国内外洪水防控与应
急管理关键技术研究成果的基础上，针对中国中小河流众多、洪水
频发、灾害严重等特点，讨论了高时空分辨率雨量场构建与短临精
准预报、精细与智能洪水预报、洪水实时风险评估与应急处置、水
文气象数据质量控制、云平台构建及多重情景仿真等关键技术问
题，探讨关键科学问题，为中小河流洪水防控与应急管理提供思路。

（2）从洪水应急管理角度，洪水演化必然伴随灾害发生，因
此，洪水的演化过程应该更准确地描述为洪水灾害的演化过程。目
前，关于洪水灾害演化，主要是从复杂网络、案例推理、风险分析
等方面进行研究。

洪水灾害作为一种高度复杂的自然现象，具备随机性、突发
性、重现性、多样性、差异性、不均匀性以及无序性等复杂性的特
点，需借助复杂性理论对洪水灾害演化过程进行分析，研究洪水灾
害中的复杂现象，建立洪水灾害分析、模拟及预测模型与方法。金
菊良等（1998）、魏一鸣等（2000）率先在国内应用复杂性理论开
展针对洪水灾害演进模拟的研究，将神经网络等方法应用于洪水灾
害研究中，建立洪水灾害时空演化平台、理论框架、演进模型等，
发现洪水灾害时空演化规律。鄢来标（2008）将BP神经网络应用
到洪水发生概率中，通过建立流量先验分布和似然函数的BP神经

网络模型，对特定流域洪水流量进行预报。灰色系统理论也被用于城市洪水灾害易损性整体演化趋势分析，将灰色动态模型群应用于基于径流量的洪水参考性灾变预测，模拟研究区域年径流量序列未来可能出现异常值的年份（陈玥，2010）。陈长坤和纪道溪（2012）将复杂网络理论与灾害链结合，提出了一种针对自然灾害演化系统的风险分析与风险控制的思路与方法。以"莫拉克"台风为例，构建了包含 30 个危机事件与 39 条连接边的台风灾害网络演化模型，通过计算台风灾害网络节点的出度入度、子网节点数和包含节点的支链数，对台风灾害进行风险分析，筛选出台风灾害网络中的关键节点，为采取断链方案控制台风事件链的发展提出管理对策。王金等（2022）用长江流域 224 个水文站和 247 个气象站的数据，分析长江中下游流域极端降雨事件和极端洪水事件的时间分布及空间分布。

　　总结不同流域极端洪水发生的主导因子研究发现，长江中下游大部分流域极端降雨事件、极端径流事件主要发生在 5 月至 8 月，发生时间比较集中，在空间分布上具有渐变性及连续性，极端事件的发生时间会随着流域所在纬度的增加而推迟。日降雨因子、周降雨因子和土壤蓄水量因子在不同流域起着主导作用，其中，最大周降雨因子对于最大洪水事件的影响较大，周降雨因子更能解释较大尺度流域的极端洪水成因。

　　充分利用突发洪水灾害的历史案例和专家知识，能够实现对当前洪灾的演化情景分析和仿真。发达国家的应急管理研究与实践都非常重视案例研究，美国、英国等国家都建有案例库，并应用到突发事件应急管理过程中。基于案例推理的方法（case-based reasoning，CBR），能够通过与案例库中的历史洪水事例进行匹配，选择与当前洪水问题相同或相似的历史洪水案例或案例集，模拟洪水的演进路径。在进行案例匹配时，匹配参数的选择直接决定案例的推理结果，罗军刚等（2009）选取洪水特征、自然特征和工程特征、水文气象特征三个方面的参数作为水库洪水案例的主要特征，实现案例表示和推理。案例检索方法至关重要，宋英华等（2015）针对城市洪涝灾害应急案例特征，将归纳索引法和基于证据推理的置信规则库推理方法结合，提出适应中国洪水应急管理实际需求的应急案例检索方法。

　　风险，是指未来不利事件发生的情景。不利事件、不利事件的发生概率、不利事件造成的损失是风险的三个基本要素。洪水的风险主要包括，承灾体易损性和洪水危险性。洪水灾害易损性研究的是洪水强度与洪水损失率的关系，通过综合分析洪水灾害可能威胁和损害的对象，并估算其价值及可能损失的程度，计算区域承灾载体受到洪水的破坏、伤害或损伤的程度（Vinten et al.，2019；Vachaud et al.，2019）。洪水危险性分析研究的是洪水发生频率与洪水强度的关系，研究不同频率的洪水淹没水深、淹没范围、淹没历时的时空分布（Zehra et al.，2019；Wilson，2020）。洪水灾害风险分析，主要研究的是不同强度的洪水发生概率及其可能造成的洪水灾害损失（Zellou and Rahali，2018；Zelenakova et al.，2019；Tingsanchali and Keokhumacheng，2019），分析洪水灾害风险是为了深入研究洪水灾害产生的原因、机制和过程，以及灾害的影响范围。詹红兵（2021）以灾害系统为基础，对洪涝灾害进行风险分析，以降雨量为核心致灾因子，面向应急救援研究洪涝灾害风险，增强承灾体的韧性和抗灾能力。姜波等（2021）结合暴雨过程的复杂性、次生性、衍生性的特点，提出了突发事件情景构建模型，构建暴雨情景演化全流程，应用贝叶斯网络方法，结合风险因子概率，构建了暴雨灾害的贝叶斯网络模型。应用贝叶斯网络模型计算暴雨引发洪水的量化风险，通过考察风险因素的敏感性，得出网络中的关键节点，基于贝叶斯网络模型的暴雨情景构建并进行定量风险分析，能够帮助应急管理决策者掌握暴雨事件的全局态势，研判关键节点，提高应急响应措施的及时性、针对性。刘高峰等（2020）针对城市洪涝灾害治理现状，提出基于流域系统视角的城市洪水风险综合管理框架，从流域水系、区域城市群和单个城市三个层面，统筹规划城市海绵体的建设和弹性需求。以景德镇市为例，分析流域—区域—城市防洪格局下的城市洪水风险，从基础设施建设、组织机构设置、治理制度设计、战略规划制定等方面提出城市防洪弹性策略，提高城市防洪减灾能力和区域水安全保障能力，实现区域可持续发展。

遥感技术和地理信息系统在洪水风险分析中应用广泛，并能够结合历史数据及当前情景，模拟评估未来的洪水风险。范德莫斯特（Van der Most，2005）利用遥感技术和地理信息系统对溃堤进行情景模拟与情景分析，对荷兰堤防保护区的洪灾风险进行评价研究，利用溃堤情景模型，计算荷兰堤防保护区发生洪水时可能造成的人员伤亡及经济损失情况。吉姆·W. 霍尔（Jim W. Hall，2005）利用遥感技术（remote sensing，RS）技术，结合洪水防御标准、堤防情况、洪水泛滥区地形、土地利用类型等参数，评估英国的英格兰和威尔士的洪灾风险，利用情景模拟预估两个地区潜在的洪水风险。岳明亮（2019）通过 ArcGIS 软件对暴雨洪水管理模型（storm water management model，SWMM）快速建模，构建了郑州市金水河排水系统覆盖区域内涝过程模拟模型，提出了一种较为简单的城市暴雨内涝风险预警方法。陈思（2019）采用水文模型、空间信息技术、灾害风险评估理论等多学科知识，构建城市内涝过程模拟模型及风险评估模型，结合研究实例进行不同降雨重现期的城市内涝过程模拟和风险评估。

目前，中外文文献利用数据库技术、计算机网络技术、洪水仿真技术（Khan et al.，2021）、情景分析技术、模糊数学理论与方法、随机数学理论与方法、灰色系统理论与方法、混沌理论与方法、遗传算法、神经网络方法、投影寻踪方法等技术与方法进行洪灾风险分析，取得了一系列成果，为洪灾的应急决策与应急管理提供了支撑和帮助。

1.2.3 非常规突发事件应急决策研究现状

应急决策是应急管理的核心，应急决策是决定非常规突发事件中应急管理成败的关键因素之一。因为非常规突发事件高危害、小概率的特点，采用传统应急决策方法无法满足高压力、高紧迫性、高度复杂情景的需求，所以，在非常规突发事件应急决策方法及应急决策模式方面，群决策、多目标决策及复杂系统应急决策方法得到比较广泛的应用。

突发事件的应急决策问题是一个复杂的、具有风险的决策问题，往往涉及决策目标的多重性、时间的动态性和状态的不确定性，同时，需要快速集聚多方智慧，任何部门、个人都不可能具备决策所需的全部综合性知识、信息和经验，因此，需要多方面、不同专业领域的专家合作参与应急决策，群决策已成为非常规突发事件应急决策研究体系的重要部分，其特有优势在应急决策领域得到广泛研究与应用。安德烈斯（Andreis，2020）通过利用特内里费航空事故的案例，研究在复杂、时间紧迫、不确定、模棱两可和不断变化环境中的决策情景，组织内一个有效的团队如何制定更正确、更有效的决策以获得最优解决方案，研究结果表明，团队决策有助于降低风险，经典决策理论可以从团队方法中受益，降低决策导致不良后果的风险。2009～2018 年国家自然科学基金委员会启动"非常规突发事件应急管理研究"重大研究项目，研究非常规突发事件情景下的应急决策理论等，加快了中国非常规突发事件应急决策的研究进程。沈荣鉴（2011）提出了基于故障树分析的情景概率计算方法和基于前景理论的突发事件应急方案选择方法，根据专家知识和相似事件的历史经验，确定在不同应急方案下各类事件出现的概率，并结合前景理论选择最优应急方案。张桂清（2011）提出了基于集结算子的最小成本共识模型和基于加权几何平均综合排序向量法（row geometric mean prioritization method，RGMM）的 AHP 共识模型，改进判断矩阵的共识度，帮助群体决策者达成共识。李胜利（2021）结合社会网络分析技术研究复杂情境下的大群体共识问题，结合网页排名（Page Rank）算法和心理学的首因效应等构建决策者影响力传播模型，利用 Stackelberg 博弈框架刻画协调者和决策者之间的交互行为，提出基于最大线性二次收益和最小共识调整的共识模型，解决大群体决策中的共识问题。肖晶等（2020）针对基于语言分布偏好关系的大群体决策问题，建立了最小调整共识决策模型。该模型先使用聚类算法对决策者进行聚类，然后，对每个决策者子群使用最小调整共识决策模型获取子群的共识观点，在子群间使用最小调整共识模型获取群体的共识观点。刘培德等（2020）针对具有犹豫模糊语言术语集（hesitance fuzzy linguistic term sets，HFLTSs）的群决策（group decision-making，GDM）问题，开发了一种新的共识达成过程（consensus building process，CRP）模型，通过同时测量犹豫度和相似度计算专家信度，提出了一种在证据理论框架内基于专家的可靠性生成群体意见的方法。这既可以很好地保留原有的个人观点，又可以增强信度较高但权重较低的专家的话语权。该模型通过引入可靠性建立了一种新的反馈机制，在达成共识过程中为专家提供明确建议。钟香玉（2020）提出了一种将决策风险和风险态度纳入大群体决策的统计方法。根据对风险的态度将决策组划分为若干子组，将同一子组内决策者的评价信息组合形成样本数据集。使用样本标准差测量所有子组的内部决策风险水平，将内部决策风险水平和外部决策风险水平组合以产生子组权重，将其汇总、分析得出决策结果。实证分析表明，决策风险和风险态度在大型群体决策中很重要。

在重大突发事件应急决策中，传统的群体决策参与人员已由少数专家逐步扩展为专业领域内的更大规模参与群体，决策参与者往往具有不同的知识背景、社会地位和决策习惯，对决策问题的偏好表达形式各异，同时，信息技术的发展带来了海量的突发事件状态数据，海量信息的高效集成、决策团队内部专家知识的有效处理等，逐渐成为非常规突发事件应急群体决策的重要研究方向之一。宋瑶等（2017）针对智慧城市非常规灾害，提出基于模糊信息多准则妥协解排序（vise kriterijumski optimizacioni racun，VIKOR）拓展的决策方法，避免群体决策信息流失，控制计算复杂度、表达复杂度，有效地解决了专家在应急决策中因信息不完全而难以精确表达的问题。徐选华等（2022）在群体决策领域做了大量工作，取得了丰硕成果，从复杂系统视角，结合信息融合、复杂网络分析等方法，综合决策意见与信任信息，捕获专家群体的复杂关系并构建关联网络，基于该网络实现群体聚类、专家权重求解和个性化共识，构建被调节的中介模型，研究大群体冲突、风险感知和决策犹豫度影响应急管理决策质量的机制；从决策者风险偏好、决策者信任水平、决策者非合作行为、决策者极端偏好、决策者冲突风险熵和决策者后悔规避等方面，系统研究大群体应急决策质量、重大突发事件应急决策方案动态调整方法、动态大群体应急决策方法等，推动突发事件大群体应急决策方法及决策体系的研究。刘文婧等（2018）运用熵权法构建非线性规划模型，求解准则最优权重，通过计算贡献度大小求解专家权重；采用前景理论刻画风险条件下的前景值并建立主观概率权重公式，量化决策者心理行为对应急管理决策结果的影响。

突发事件应急管理量化决策模型与决策方法，是突发事件应急管理的另一个研究方向，在量化决策研究方面，应急管理研究主要体现在博弈分析、决策优化、不确定性研究、定量评价几个方面。韩喜双（2010）分析了突发事件应急管理主体，从政府应急决策目标、政府应急决策准则和政府应急决策行为三个方面，分析了政府应急决策体系，提出了突发事件分类的 K-modes 聚类分析模型和突发事件分级的动态模糊模型，利用相应算法为政府在突发事件应急管理中对突发事件做出科学分类、分级判断和决策提供了方法和工具。通过对突发事件条件下受灾人群的行为分析，构建面向受灾人群具有不确定厌恶行为的非加性政府应急决策模型，协助政府有效地进行受灾人群的应急管理。

1.2.4　非常规突发洪水事件应急管理研究现状

近年来，非常规突发事件频发，现代社会对于应急管理的需求日益迫切，2009 年国家自然科学基金委员会启动非常规突发事件应急管理研究重大研究计划，中国非常规突发事件应急管理研究进入快速发展期。2018 年 4 月，为了预防和解决重大安全风险，完善公共安全体系，中华人民共和国应急管理部成立，整合并优化应急力量和应急资源，将分散在民政部、水利部、原国家安全生产监督管理总局、公安部、自然资源部、国务院办公厅、农业农村部、国家林业和草原局、中国地震局以及国家防汛抗旱总指挥部、国务院抗震救灾指挥部、国家森林防火指挥部等部门与应急管理相关的职能进行分类整合，打造了中国特色的应急管理体制，其满足统一指挥、专常兼备、反应灵敏、上下联动、平战结合的需求和特点，更推动了中国非常规突发洪水应急管理水平的快速提升。全国应急管理工作会议提出，到党的二十大胜利召开之前，是新时代应急管理事业夯实基础、开创新局的关键阶段，要抓住机遇、乘势而上，紧紧围绕防范化解重大安全风险，坚持边应急、边建设，力争通过三年到四年努力，基本形成统一指挥、专常兼备、反应灵敏、上下联动、平战结合的中国特色应急体制，基本完成统一领导、权责一致、权威高效的国家应急能力体系构建，基本健全应急管理法律制度体系，安全生产形势稳定好转，自然灾害防治能力建设明显见效，应急救援队伍形成一套完整的制度、走出中国特色新路子，应急管理系统党风、政风全面改善，应急管理能力和水平显著提升，为满足人民日益增长的安全需要提供有力保障。[①] 目前，中国应急管理能力总体不适应严峻、复杂的公共安全形势，不适应人民日益增长的安全需要。目前，主要围绕非常规突发事件应急管理中三大核心科学问题，包括非常规突发事件的信息处理与演化规律建模、非常规突发事件应急决策理论、紧急状态下个体和群体的心理反应规律与行为反应规律进行研究。

国内外关于非常规突发洪水事件应急管理的研究成果集中在几个方面，应急决策模式、应急响应流程、应急管理技术、应急调度及资源管理和应急疏散等。

在非常规突发洪水应急决策管理模式方面，王慧敏等（2014，2015）开发了基于多主体合作的灾难性水灾害预警和综合集成研讨系统，利用综合集成研讨的决策模式解决非常规突发洪水临机决策问题，同时，建立了数据驱动的水质、水量预测预警及实时调度系统，极端灾害事件风险管理平台及模型库，为非常规突发洪水的应急决策提供平台支持，并在淮河流域极端洪水灾害应急管理中加以应用。唐润等（2010）对城市极端洪灾应急决策进行研究，建立基于相似度调整的直觉模糊群决策模型和算法，确保异质性利益相关主体参与决策，实现极端洪灾应急决策的科学化与民主化。杨继君

---

① 《应急管理部党建简报》2019 年第 2 期，https：//www. mem. gov. cn/dj/xxyd/201901/ t20190125_ 243573. shtml.

等（2018）将非常规突发事件模拟为应急决策者和突发事件间的序贯博弈过程，构建基于信息流的应急决策序贯博弈模型，实现应急决策者对非常规突发事件演化态势的预测，并制定和调整应急决策方案。王慧敏等（2016）以系统科学和系统论为指导，以问题为导向，创新性地将强互惠理论、多主体合作博弈理论、情景分析、综合集成研讨决策等前沿理论与方法运用于非常规突发洪水灾害应急合作管理与决策研究中，从理论分析、模型构建、计算方法、系统平台到实践应用展开了全面深入的研究。针对洪水灾害、干旱灾害的不同特点及中国防汛抗旱现状，综合运用强互惠理论和多主体合作博弈理论，分别构建了非常规突发洪水应急合作管理、干旱灾害应急合作管理的宏观—微观系统化模型，形成了从定性到定量综合集成的方法体系，解决集体行动困境难题；提出面向灾害情景的综合集成研讨决策方法，设计开发了非常规突发洪水灾害应急管理合作研讨平台，实现非常规突发洪水灾害应急合作管理与决策的可视化，形成一套可以操作且行之有效的实践方式，已在淮河流域、云南省等地进行了成功实践。张辉等（2020）结合突发洪水应急管理决策特征，构建了包含感知应急态势、识别任务目标、制定行动方案、执行行动方案等主要流程的应急响应决策过程模型，在突发事件发生时，收集突发事件的环境信息、资源信息、情景信息，对突发事件的发展态势进行分析和预测，根据应急领域知识库、案例库、专家知识，识别决策目标与问题，制定人员救援、资源调度、紧急情况处理等行动方案，最后，组织实施行动方案，结合执行效果及反馈情况，纠正决策偏差。并以三峡区域综合防洪应急协同决策过程对该模型进行实证研究。尹洁等（2019）基于知识元理论划分极端洪水关键情景，结合知识元间的关系、专家知识，构建情景检索信度规则库体系及情景相似度评估的信度规则库，通过证据推理方法融合信度规则，完成极端洪水关键情景检索及推理，为极端洪水关键情景的应对提供最合理的决策支持。

在非常规突发洪水应急响应流程方面，佟金萍等（2015）针对中国洪灾应急管理行动中的应急响应问题，运用演化博弈理论，研究洪灾应急管理中的府际合作模式，探索发现洪灾应急管理府际间积极合作需要纵向层级府际关系中的上级政府强化监督。陈蓉等（2014）根据极端洪灾应急管理的阶段性特征，利用随机 Petri 网进行流程建模，收集整理 2007 年淮河流域极端洪灾应急管理流程的数据，用同构马尔可夫链仿真和时间性能分析，根据对指标库繁忙概率、变迁利用率、平均延迟时间的计算结果得出洪水应急流程中占用时间最多的流程，为流程优化提供参考。苏丹娜等（Sultana et al.，2007）借助 Petri 网对大坝等防洪工程抵御洪水的流程进行建模，并用仿真分析防洪工程之间的相互依存关系。王建等（2005）基于 Petri 网对防汛会商过程建模，提出一个包含防汛会商和防汛方案实施以及信息查询和信息收集的动态模型。伍俊斌等（2020）以2018 年 8 月山东寿光洪涝灾害为例，根据应急响应阶段救援队伍重点关注的承灾体灾情对象，以区域洪水淹没历时为致灾因子强度指标，采用灾情指数法构建了一种用于辅助洪涝灾害应急救援决策的洪涝灾害灾情动态应急评估方法——应急灾情指数法，为洪涝灾情动态评估提供方法参考，利用网络灾情对评估结果进行验证，基于应急灾情指数的洪涝灾害灾情动态评估方法的评估结果良好，评估精度较高。

非常规突发洪水应急管理技术，具体体现在应急评估与监测预警技术、应急决策支持技术等方面。20 世纪 80 年代以来，发达国家开始建立灾害信息系统，解决灾害信息服务问题，辅助灾害应急处理。如，日本灾害应变系统、美国国家事故管理系统（national incident management system，NIMS）、美国全球应急管理与紧急响应系统以及联合国灾害管理与应急反应天基信息平台等。近年来，中国逐步建立洪水灾害应急管理系统，包括国家防汛抗旱指挥系统、国家地表水水质自动监测系统、七大江河地区洪涝灾害易发区警戒水域遥感数据库、淮河流域致洪暴雨预警系统等，2018 年，应急管理部成立后，安全生产应急指挥系统、消防实战化指挥平台、国家自然灾害灾情管理系统等 10 个应急指挥系统和 8 个单位视频会商系统均接入应急管理部指挥中心，极大地提升了中国自然灾害监测预警综合管理水平。埃尔南德斯（Hernandez，2001）利用知识管理模型对洪水信息进行管理和筛选，并在西班牙水灾应急管理中模拟应用。阿卜杜拉（Abdalla，2009）基于 WebGIS 技术，实现不同情景下的洪水灾害预测和可视化。中文文献魏一鸣等（2002）用复杂网络、信息扩散等方法，研究突发洪水灾害的演化，快速评估突发性水灾害事故。李纪人等（2003）利用遥感与空间社会经济数据库，实现洪水灾害遥感监测评估。徐绪堪等（2019）针对传统城市水灾害突发事件应急管理中信息杂乱、情报流通脱节、情报支撑决策不力等问题，构建城市水灾害突发事件组织—业务—信息应急管理体系，融合资源驱动和问题驱动的突发事件信息采集和深度融合，形成城市水灾害突发事件的情报分析实践应用。伍俊斌等（2020）针对洪涝灾害发生后应急管理救灾部门优先采取救援行动的对象，以及重点关注的承灾体类型，提出基于应急管理灾情指数的洪涝灾害灾情动态应急管理评估方法，实现服务于洪涝灾害应急救援的灾情动态应急管理评估。

在洪水应急管理过程中，应急资源的管理与调度、受灾人群的疏散是洪水应急管理决策的重要问题，应急调度是一种有效减少洪灾损失的非工程措施，有效的应急调度模式可以最大限度地减轻洪灾损失。张美香等（Mei-Shiang Chang et al.，2007）运用情景规划方法研究不确定条件下的洪水灾害应急物流问题，为政府部门提供了一种应急物资调度的决策工具。王本德等（1994）将模糊数学理

论应用于突发洪水情况下的水库模糊优化调度。谢柳青和易淑珍
（2002）基于河道洪水演进方程与多目标离散微分动态规划方法，
建立水库群防洪系统多目标优化调度模型，并在澧水流域加以实践
应用。王冰和冯平（2011）提出一种应急调度风险评估方法，计算
岗南水库、黄壁庄梯级水库漫坝危险度、易损度和风险度的定量标
准，给出了合理的应急管理调度模式。西蒙诺维奇和艾哈迈德（Si-
monovic and Ahmad，2005）运用系统动力学理论，建立洪灾应急管
理过程中的灾民撤离模型，并仿真模拟应急管理情况下的灾民撤离
行为。李梦雅等（2016）以疏散总时间最短为目标，考虑需求控
制、公平分配和资源节约、容量限制等约束条件，采用混合拆分疏
散方法，构建洪灾避难应急疏散路径规划模型。钟佳和刘钢
（2013）提出了基于政府实物储备和企业合同储备的城市防汛物资
协同储备模式，通过计算物资储备过剩时或物资储备不足时的单位
损失值，研究城市防汛物资储备量决策方法。

从研究现状来看，有关非常规突发洪水应急管理的研究，主要
集中在决策模式、调度疏散、应急管理技术等方面，将非常规突发
洪水应急管理作为一个管理体系，系统、全面地研究非常规突发洪
水情景构建、演化模型、应急方案生成等的文献还不多。

1.2.5 知识元及其在非常规突发事件应急管理中应用研究现状

1. 知识元的概念及界定

知识元作为知识的基本组成部分，是知识在微观领域的存在形
态。对知识构成部分问题的研究体现了人类对知识认识的深化，是
人类对知识认识的必然趋势。在科学计量学领域，知识元最早由赵
红州等（1990）提出，知识元是指，能够用数学公式表示的科学概

念。从知识计量学与知识可视化的关系角度，刘则渊（2010）基于知识计量学角度界定知识元的基本概念，作为知识计量学的核心概念，知识元是知识领域的基本单位，一般以术语、概念、词语来表征信息内容或文献内容。这一概念得到了学者的广泛认同，陆汝钤（2008）界定知识元为采用本体形式表示知识的基本单位。文庭孝（2007）指出，知识元作为文献的基本构成元素，其表达尺度无法明确定义，可以看作知识计量指标体系中无法再分割的最小构成单位。戎军涛和李兰（2020）指出，知识元可以看作人类思维的基本单元。以知识创新为导向的思维运动，是知识元自由运动的动力机制。在人类思维运动的支配下，知识元不断自由排列、组合、交叉、融合，在横向维度形成了知识元的复制、转移、扩散、变异、进化等运动形式，在纵向维度形成知识单元，进而构成知识体系，完成知识构建。结合上述文献的定义，本书将知识元界定为管理学意义上无须再分的、具有完备知识表达的知识基本单元。

知识元主要有 5 个特征：（1）知识元具有语义相对完整性，即知识元在逻辑上是完整的，有实际意义和相对独立性，可以充分地表达事实、原则、方法、技术等；（2）大量的知识元通过某种语义联系起来，可以使知识价值增值甚至新知识诞生，通过知识元的链接探索知识元之间的相关联系，是知识元服务创造新知识的重要手段和重要目的；（3）知识元具有一定结构，知识表达的一系列方法仍然适用于知识元的表达，即知识元是可以被表达的；（4）知识元是显性知识的最小可控单元，知识元与其表达的显性知识比较而言，应该是最小的、不可再拆分的；（5）知识元用于表达特定知识，例如，一个科学概念或一个基本原理。

知识元对后续开展知识管理及知识应用方面的研究具有重大意义，知识的控制单元如果全面实现从文献层面深化到知识元层面，文献中所包含的知识元及相关信息间的链接将会极大地促进知识增值，极大地扩展人类对知识的利用空间。为了让知识元更好地应用到知识管理中，王延章（2011）基于知识工程理论，在现有模型管理知识系统研究基础上，提出通过事物的可分性将知识细分到基本单元，利用事物的概念、属性及关系三个参数，建立共性知识元的表达模型，此模型为知识元的应用提供了具体实现路径。索传军等（2021）选取学术论文引言部分作为语料，将研究问题的知识元划分为理解型问题知识元、解决型问题知识元和探究型问题知识元三种类型，并进一步对表述问题知识元的句子的线性结构进行分析，归纳不同类型问题知识元的描述规则。石湘等（2021）基于知识元视角探索从异构数据中抽取、集成领域知识，丰富知识表示的语义信息。优化现有的知识元语义描述模型，提出基于知识元语义描述模型的知识抽取方法与知识表示方法，并以信息检索领域为例开展应用，为该领域知识服务提供新视角。

2. 知识元在非常规突发事件应急管理中的应用现状

在非常规突发事件领域，应急决策与应急管理面对的是一个开放的复杂巨系统，包括经济、社会、自然、生态以及文化，包含各类组织，政府、企业、军队、非政府组织（Non-governmental Organzations，NGO）、救援队伍、媒体、网络等，以及各类组织在应急管理过程中的预防预警、应急响应、灾后恢复等应急活动，还包括非常规突发事件系统中各类突发事件、次生事件及衍生事件之间的复杂关系。如何表达非常规突发事件系统中涉及多学科、多领域、多渠道的知识以及知识之间的关联关系，学者们将知识元理论引入非常规突发事件应急管理中，从非常规突发事件应急管理客观系统本原角度出发构建知识元模型，实现对非常规突发事件系统中不同学科、不同结构的信息、知识、模型组织和模型管理的统一描述，同时，为多元化的信息、知识和模型间的关系提供统一描述标准，完全满足非常规突发事件应急管理过程中的知识表达、重用、检索等功能需求。

目前，知识元在应急管理中的应用已经逐渐形成体系。在非常规突发事件应急管理的知识表达等基础性研究方面，通过对非常规突发事件系统进行层次分析及功能划分，构建非常规突发事件应急管理的知识元模型、非常规突发事件元数据及信息模型，建立突发事件领域各要素相对应的知识元模型，并抽取知识元之间的相互关系，满足社会各部门对非常规突发事件相关信息的共同理解，并提供信息共享的基础。

在非常规突发事件应急情景构建与表达方面，在对非常规突发事件实现知识元表达的基础上，通过抽取非常规突发事件情景的共性知识及约束，分层次建立情景元模型、情景概念模型以及情景模型的实例化约束，实现基于知识元的突发事件情景建模。通过构建情景库，实现情景库辅助决策；从知识层面对突发事件案例进行结构化表示，实现对突发事件案例半自动化信息抽取，应急管理案例的发生过程以结构化的情景序列形式，快速从文本案例中提取有价值的应急管理知识辅助决策。欧阳昭相等（2020）对突发事件领域的知识元进行形式化表示及探讨，研究知识元的逻辑运算，对知识元之间的关系进行抽取和表示，为描述和表示突发事件领域中的信息、知识和模型及其之间的关系提供逻辑扩展基础和统一标准。张磊等（2017）构建基于知识元的应急决策知识模型，解决多领域、跨学科的知识表示与知识共享问题，考虑知识的模糊性提出了一种新的融合方法，解决了现有方法可能造成融合结果与客观实际相冲突的问题，提高了融合结果的准确性和科学性。王红卫等（2017）基于知识元理论，对应急仿真演练中的情景要素、要素属性及其关系、各要素之间的关系进行了分析，为应急仿真演练人员构建直观、动态的情景，帮助其进行实时科学决策。

　　在非常规突发事件应急情景演化方面，通过切分非常规突发事件演化的时间域与情景所处的空间域，在微观层面上，深入研究突发事件产生和发展演化的物质基础——客观事物系统，厘清突发事件与所处情境的复杂演化关系，研究突发事件发生、发展、演化的本质及客观基础，摸索突发事件个体要素的运动行为、系统状态的发展机理与发展规律。张志霞等（2019）针对非常规突发灾害事故情景建模中信息资源丰富却来源众多、异质特性明显及微观分析不足等问题，基于知识元表示法，从突发灾害事故的情景状态、应急救援活动、孕灾环境及承灾体 4 个角度进行描述，构建基于动态贝叶斯网络的灾害事故动态情景模型，为制定非常规突发灾害事故的预防方案提供参考。张萌等（2021）将城市轨道交通安全事件案例的自由文本转化为用共性知识元表示的结构化数据，利用城市轨道交通安全事件案例提出了基于规则的信息抽取方法，提高城市轨道交通安全事件案例的使用效率，为突发事故应急决策的制定提供高效的数据支撑。知识元模型能够统一描述系统要素间的显性关系或隐性关系，以此构建突发事件要素知识元网络模型（陈雪龙等，2011），通过分析知识元网络结构、网络特征，研究知识元网络动态推理，为非常规突发事件的演化分析提供相对微观、综合、跨领域的知识支持。刘灿（2017）借鉴共性知识元模型，根据承灾体状态的改变将突发事件案例切分为若干情景片段，构建"前因情景—结果情景"结构形式的情景序偶矩阵，提出突发事件案例情景间关联规则挖掘方法及置信推理方法，在关联规则挖掘过程中将案例按照情景粒度划分，从微观属性层面识别挖掘出情景间隐含的规则知识，提高突发事件历史案例的应用价值与可重用性，为实现突发事件情景演化推理奠定知识基础。在知识元模型基础上，系统动力学、贝叶斯网络、事件链、风险分析等方法被广泛应用到非常规突发事件的情景演化中，为明晰非常规突发事件演化过程、发现演化规律提供了有力支持。谢晓珊（2017）以共性知识元模型作为突发事件情景、推演规则、案例的共性表示基础，利用 Petri 网及其关系矩阵验证推演规则结构错误，并利用相似案例验证推演规则适用性，验证突发事件规则库的一致性，提升推演规则正确性、适用性，提高突发事件推演规则库的一致性和突发事件案例利用率。

在非常规突发事件应急决策上，知识元理论得到广泛应用。应急决策活动被分解到无法分解的最小单位级别，通过构建应急决策活动基元要素的知识元模型，建立应急决策活动基元模型（王宁等，2014），形成应急决策管理活动知识元体系，能够更准确地分析应急决策管理活动的本质和特征。应急决策管理活动知识元之间的关系实现统一表达，能够帮助应急决策管理时调用不同的决策模型。应急决策管理活动中应对实施活动在知识元层面通过构建应对流程集成模式，通过集成算法能够实现流程的自动集成（Elshaboury，2020），适用于多突发事件同时应对实施的流程集成，为应急决策和应对实施提供支持。刘爽（2019）综合运用知识元模型、基于案例推理方法和案例决策理论等理论与方法，构建应急案例情景—行动（方案）—效果三维知识元模型，提出了基于知识元的突发事件情景相似度计算方法，提出基于集对分析的应急方案有效性评价方法，提出应急方案的综合效用值计算方法，研究应急方案修正流程和修正方法，丰富了基于知识元的突发事件应急方案生成方法。刘佳琪（2018）面向应急管理领域，从案例表示、案例相似度计算两方面探究应急案例库构建和应用的关键环节，采用共性知识元模型作为统一的知识表示形式对应急案例的构成要素进行抽取和表示，在结构化表示和存储应急案例的基础上，结合突发事件情景知识和知识元知识，提出了一个新的案例相似度计算框架和计算方法来支持后续案例库的应用和维护，提升应急决策效率。孙琳等

（2017）基于知识元模型、证据理论和相似度分析，开展多源竞争情报融合方法研究，通过相似性分析和多属性融合计算，整合竞争情报知识元的同时，实现竞争情报知识框架更新，为应急决策提供有力的支撑。

1.3　非常规突发洪水事件应急管理研究现状述评

洪水灾害作为危害后果极其严重的自然灾害之一，诱因复杂、形式多样、涉及面广、破坏性强，国内外学者长期以来对洪水事件应急管理研究给予了高度关注。在非工程应急管理研究方面，目前，国内外关于洪水灾害事件应急管理的研究，主要集中在洪水灾害应急决策、应急调度与应急资源管理及应急行为决策等方面。在突发洪水灾害应急过程中，应急决策知识供给的作用越来越被重视，知识是应急响应的关键信息，快速、准确地获取应急知识是应急指挥和应急决策的重要保障。

从目前的研究来看，在非常规突发洪水事件应急管理方面还存在以下三方面的问题。

（1）非常规突发洪水知识表达问题。突发洪水应急管理过程中存在大量异构、不规则的信息，定性知识与定量数据并存，历史案例多以文本形式存在，目前，在突发洪水应急管理领域，缺乏一种能够集成异构信息、融合专家知识、历史案例与现场数据的知识表达方法，急需通过建立非常规突发洪水事件管理系统的通用知识模型，实现应急决策管理知识的表达、存储及检索。

（2）高维小样本数据的非常规突发洪水风险分析问题。非常规突发洪水事件演化过程的影响因素多，实时观测样本数据少且维数高，风险信息不完备，导致依据传统的风险分析方法计算的突发事件风险分析结果的可靠性和科学性无法保证。必须采取更科学、更合理的方法解决非常规突发洪水事件演化过程中的信息高维且样本数量极少的问题，快速合理地对非常规突发洪水动态风险进行判断，为及时有效地规避风险、提早启动应对方案提供科学依据。

（3）专家知识与历史案例融合问题。在非常规突发洪水事件发生初期，很多信息难以在短时间内获得，存在大量不确定数据信息。如果直接采用普通案例检索方法，将无法保证检索案例的准确度，必须及时介入专家知识，将案例信息与专家知识相结合，实现定量数据与定性知识的有效结合，充分利用历史案例信息，为当前情景的应急决策提供最相似的案例以供参考。

1.4　主要内容及研究技术路线

本书针对非常规突发洪水事件应急管理研究方面存在的问题，以知识元理论为基础，通过对非常规突发洪水事件进行系统结构分析，对非常规突发洪水事件系统进行逐层分解，构建非常规突发洪水领域知识元模型，实现非常规突发洪水事件系统知识的通用表达；通过研究非常规突发洪水事件的连锁反应过程，结合环境单元及承灾载体突发事件连锁反应的影响，构建非常规突发洪水知识元超网络，计算非常规突发洪水事件之间的关联度，建立非常规突发洪水事件关联网络；在知识元层面，结合非常规突发洪水事件演化信息的高维小样本特征，将投影寻踪方法和信息扩散理论结合，计算非常规突发洪水事件演化风险；将专家知识与非常规洪水历史案例情景结合，建立置信度规则库，实现对洪水历史案例情景的有效检索，提高检索效率，确保检索出最优案例情景以支持应急决策。本书研究技术路线，如图1.3所示。

第1章，绪论。根据中国非常规突发洪水应急管理背景，结合国内外研究现状,提出非常规突发洪水应急管理问题。

第 2 章,非常规突发洪水事件系统结构分析。通过对非常规突发洪水事件进行系统结构分析,抽取非常规突发洪水事件系统中的要素,并发现非常规突发洪水事件系统要素间的共性拓扑关系、系统内事物与事件间的属性关系,划分非常规突发洪水事件系统层次结构,建立非常规突发洪水事件结构模型。

第 3 章,非常规突发洪水领域知识元模型构建研究。从系统论角度,对非常规突发洪水事件中突发事件、承灾载体、环境单元及应急活动等各要素细分至不能再分,抽取各要素的属性及关系,构建非常规突发洪水领域知识元模型,对非常规突发洪水领域的知识进行表达。

第 4 章,基于超网络的非常规突发洪水事件关联度研究。通过构建非常规突发洪水事件知识元网络、承灾载体知识元网络、环境单元知识元网络,进而构建非常规突发洪水事件系统知识元超网络,分析非常规突发洪水事件间的连锁反应过程,建立非常规突发洪水事件间关联度模型,搭建非常规突发洪水事件关联网络。

第 5 章,基于知识元的非常规突发洪水事件演化风险研究。研究具有关联关系的非常规突发洪水事件间的演化风险,针对非常规突发洪水事件演化情景的高维小样本特征,将投影寻踪方法与信息扩散理论相结合,在知识元层面,计算非常规突发洪水事件间的演化风险。

第 6 章,基于知识元的非常规突发洪水情景检索研究。为提高应急决策效率,针对非常规突发洪水特征,将历史案例分解成情景进行表达与存储;针对非常规突发洪水情景信息不完整的特征,利用基于置信库结构的证据推理方法,将历史案例信息与专家知识相结合,实现定量数据与定性知识的有效结合,提高历史情景检索效率与检索精度，提高历史应急方案辅助决策的有效度。

第7章，淮河流域非常规突发洪水应急管理方案制定实证验证。以淮河流域非常规突发洪水应急管理为例，验证基于知识元的非常规突发洪水应急管理体系的可行性，对该体系在淮河流域的应用效果进行评价，并针对淮河流域蒙洼蓄洪区应急管理提出对策建议。

第8章，总结与展望。梳理总结本书的研究成果及结论，并从全流域非常规突发洪水事件领域知识的构建、与现有管理体系与决策系统的协同、情景应对方案的效果评价等方面提出研究展望。

1.5　研究意义

本书针对目前中国非常规突发洪水事件应急管理中出现的问题，利用知识元理论开展探索性研究，为"情景—应对"范式应用到非常规突发洪水应急管理中开展理论研究和实践探索，为中国非常规突发洪水事件应急决策提供参考，以丰富非常规突发洪水事件应对决策理论为目标，本书具有非常重要的理论意义和实践意义。

（1）完善非常规突发洪水"情景—应对"应急决策模式的理论研究。利用知识元理论，对非常规突发洪水事件系统结构进行深入分析，实现对非常规突发洪水事件系统知识的通用描述，并借助相应方法研究微观层面非常规突发洪水发生、发展、演化本质和演化规律，揭示非常规突发洪水系统中事件内部状态的变化引发事件链式反应的过程，为非常规突发洪水应对决策开展基础性的研究工作，推动非常规突发洪水应急管理研究领域的理论进展。

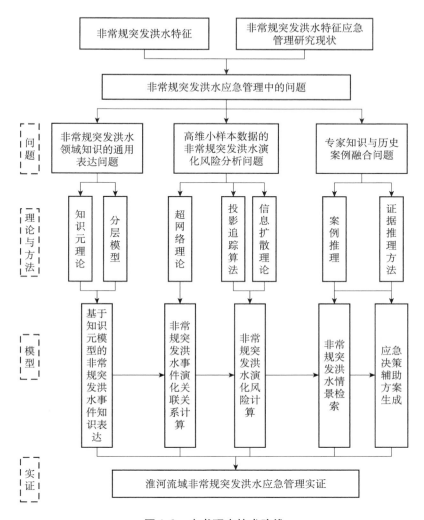

图 1.3   本书研究技术路线

资料来源：笔者绘制。

（2）为非常规突发洪水应急决策提供知识支撑，完成在非常规突发洪水应急管理过程中的知识快速供给，帮助不同决策组织的不同决策人员对事件和决策问题认知的统一性，确保决策辅助知识的有效性和及时性，为提高非常规突发洪水应急管理效率提供支持。

1.6　主要创新之处

主要创新之处有以下四点。

（1）建立基于知识元理论的非常规突发洪水"情景—应对"应急管理体系，进一步拓展知识管理在非常规突发事件应急管理中的应用范围。将知识元理论引入非常规突发洪水应急管理中，从微观层面研究非常规突发洪水应急管理全过程，涵盖非常规突发洪水应急知识表达、情景表达、情景演化、历史情景检索及关键情景应急方案制定等环节，实现知识管理在非常规突发洪水应急管理领域的深度应用。

（2）基于超网络理论构建非常规突发洪水灾害事件关联度模型，从情境视角研究非常规突发洪水事件连锁反应机理，帮助应急管理者更清楚地掌握特定情境下非常规突发洪水事件的发生规律、发展规律。

（3）将投影追踪算法与信息扩散方法相结合，构建基于情境的非常规突发洪水事件情景演化风险模型，克服了传统风险分析方法难以解决的情景状态数据高维度小样本难题，特别符合影响因素多、发生频率低的非常规突发洪水情景演化风险分析的需要。

（4）利用基于证据推理的置信规则库推理方法，建立非常规突发洪水情景检索模型，解决应急决策过程中专家知识与历史案例知识的深度融合，实现对历史情景高精度的检索，提高历史应急方案辅助决策的有效度。

第 2 章

非常规突发洪水事件
系统结构分析

　　非常规突发洪水事件是一个包含经济、社会、地理、气候等诸多因素，并受到这些因素共同制约的复杂大系统，系统内部关系复杂。通过对非常规突发洪水事件进行系统分析，抽取非常规突发洪水事件系统中的要素，发现非常规突发洪水事件系统要素间的共性拓扑关系、系统内事物间与事件间的属性关系，划分非常规突发洪水事件系统层次结构，建立非常规突发洪水事件结构模型，为后续研究非常规突发洪水领域知识元模型提供支持。

2.1　非常规突发洪水事件系统组成分析

　　根据范维澄（2009）的公共安全体系的三角形模型，突发事件及其应对中有三个主体：（1）灾害事故，即突发事件；（2）突发事件作用对象，即承灾载体；（3）采取的应对措施及应对过程，即应急管理。突发事件、承灾载体、应急管理三者构成三角形闭环框架。突发事件的发生发展与所处环境密切相关，突发事件与环境共同构成了复杂系统，突发事件之间的关联关系随环境变化而变化，同一突发事件会有不同的演化路径。因此，基于公共安全体系的三角形模型对非常规突发洪水事件系统的组成结构进行分析，将非常规突发洪水事件系统分为突发事件系统、承灾载体系统、环境系统和应急管理活动系统四个子系统。非常规突发洪水事件系统，如图 2.1 所示。

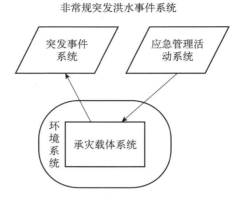

图 2.1　非常规突发洪水事件系统

资料来源：笔者绘制。

非常规突发洪水事件系统中的承灾载体，主要包括人、物、系统（人与物及其功能组成的自然系统、经济系统与社会系统）三方面，具体为人、河流、水利工程、城市等客观物质实体。承灾载体被破坏导致承灾载体蕴含的灾害要素被释放，是次生事件发生、事件链形成的必要条件。

非常规突发洪水事件可视为河流、水利工程、城市等相关客观事物状态的一种突变过程，即相关客观事物中蕴含的灾害要素突破临界值，由一种运动状态转变为另一种运动状态，并对人类、人类社会造成危害及损失的过程。

在灾害要素突破临界值的过程中，客观事物所处的地理因素、气候因素等环境因素，对客观事物的状态变化起到推动作用或延缓作用。

应急管理是减少、减缓或预防突发事件发生及其后果的各种人为干预手段，其本质是管理灾害要素的作用过程及演化过程。应急管理活动系统包含相关人员、应急物质资源、救援方案、救援活动等客观对象，是人们干预洪水事件活动所涉及的人、物、事的集合。

2.2　非常规突发洪水事件系统层次结构

非常规突发洪水事件系统极具复杂性，完整描述突发洪水事件系统非常困难，因此，基于系统论，从非常规突发洪水事件系统底层（知识层）、非常规突发洪水事件系统中间层（情景层）、非常规突发洪水事件系统顶层（表现层）三个层次，采用不同粒度，对非常规突发洪水事件系统进行描述，非常规突发洪水事件系统层次结构，如图 2.2 所示。

1. 非常规突发洪水事件系统顶层（表现层）

非常规突发洪水事件系统顶层（表现层）为基本事件层。每个突发事件系统都存在从前兆、发生、演化、衰减直到消亡的生命周期，在突发事件系统生命周期的不同阶段会有不同的事件发生，非常规突发洪水事件系统顶层（表现层）是由这一系列相关事件组成的，并以非常规突发洪水事件连锁反应的形式表现，非常规突发洪水事件系统顶层（表现层）可以描述为由基本事件与基本事件关系共同作用下的一个集合。

2. 非常规突发洪水事件系统中间层（情景层）

非常规突发洪水事件中间层（情景层）由突发事件客体、承灾载体、环境单元及应急活动等实体对象构成，四者之间的关系决定了非常规突发洪水事件系统顶层（表现层）基本事件的演化行为和演化路径。情景中承灾载体在前一情景基元事件输出属性集元素和应急子活动输出属性集元素的双重作用下，其内部状态要素发生突变，使得承灾载体的输出属性集元素状态值发生改变，从而导致新基元事件的发生。在基元事件输入属性中，一方面，受承灾载体输出属性集影响；另一方面，受环境单元状态属性集影响，两部分元素共同影响事件客体的状态属性，诱发基元事件输出属性集状态值的改变。基元事件输出属性集中元素状态值发生变动，导致事件客体释放灾害要素产生破坏作用，进而施加到系统内其他承灾载体上，应急活动的输出属性集开始介入，降低或减缓事件客体引发的影响。

3. 非常规突发洪水事件系统底层（知识层）

非常规突发洪水事件系统底层（知识层）为基本单位层，即结构稳定、内容单一的知识层，由管理学意义上无需再分的、具有完备知识表达的知识元构成。非常规突发洪水事件系统底层（知识

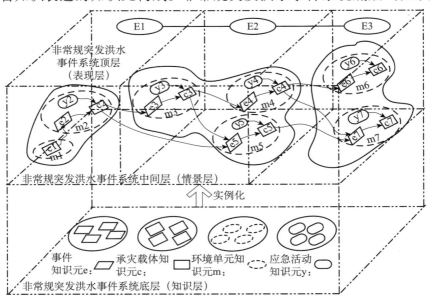

图 2.2　非常规突发洪水事件系统层次结构

资料来源：笔者绘制。

层）主要由事件知识元、承灾载体知识元、环境单元知识元和应急活动知识元组成，各知识元之间存在关联关系。事件知识元是突发事件演化过程的基本单元，承灾载体知识元是组成客观事物系统的基本单元，而客观事物是突发事件在一定环境下发生和发展的物质基础。知识元属性之间的关系，是事件知识元、承灾载体知识元、环境单元知识元和应急活动知识元之间关联的基础。

2.3　非常规突发洪水事件系统顶层（表现层）事件描述及事件间关系表达

2.3.1　非常规突发洪水事件系统顶层（表现层）事件描述

非常规突发洪水事件系统顶层（表现层）体现了非常规突发洪水演化过程中大事件之间的连锁反应，如台风、暴雨、溃坝等，用事件链或事件网络表示，表现层包括非常规突发事件及非常规突发事件之间的连锁关系。

非常规突发洪水事件系统顶层（表现层）可以表示为：

$$L_E = \{E_i, \ R_j\} \tag{2.1}$$

$$E_i = (E_1, \ E_2, \ \cdots, \ E_n) \tag{2.2}$$

$$R_j = cor(E_a, \ E_b)a, \ b \in n \tag{2.3}$$

E_i 为非常规突发洪水事件中各类非常规突发事件构成的事件集，R_j 为事件之间的关系，R_j 取值为 0 或 1，0 代表两个事件之间无关系，1 代表两个事件之间有关系。以每个非常规突发事件为点，事件之间的关系 R_j 为边，构成了表现层的事件链或事件网络，非常规突发洪水事件在事件表现形态上的发展与演化均在表现层呈现出来。

2.3.2 非常规突发洪水事件系统顶层 （表现层） 事件间关系表达

在非常规突发洪水事件系统顶层 （表现层），突发事件的演化主要有内力驱动和共力驱动两种驱动力推动。内力驱动是指，突发事件自身属性受到情境中相关客观事物属性变化的影响，事件的内在因素推动突发事件演化。共力驱动是指，突发事件除了受自身属性影响之外，还受到系统内其他事物属性变化的影响。对于突发事件而言，突发事件性质的变迁受内力因素和外力因素共同作用。

不同的驱动力种类决定着非常规突发事件的发展进程直至事件结束，决定了突发事件之间的链式关系，包括转化关系、蔓延关系、衍生关系、耦合关系四种。

1. 转化关系

突发事件间的转化关系是指，某一种类事件的发生或发展，引发另一种类事件的发生或发展。后一种类事件发生后，前一种类突发事件即结束，则表示事件间的转化具备承接性。若后一种类事件发生后，前一种类突发事件仍持续发展，则表示事件之间的转化具备并发性。突发事件转化关系，如图 2.3 所示。突发事件 E_1 在自身属性状态发生变化的情况下，导致突发事件 E_2 的发生，突发事件 E_1 和突发事件 E_2 之间存在属性状态变化的转化传递，这种传递属于一对一传递，两个突发事件之间有属性交集。

图 2.3　突发事件转化关系

资料来源：笔者绘制。

2. 蔓延关系

源生突发事件在特定环境介质的影响下，随时间推移呈现烈度的增强或空间上的扩展，事件属性在多种类型突发事件之间延伸与扩展，源生事件本质上没有改变，其在次生事件发生后仍持续发展。蔓延从时间上可分为持续性蔓延、反复性蔓延及间歇性蔓延。突发事件蔓延关系，如图 2.4 所示。源生突发事件 E_1 属性发生变化，源生突发事件 E_1 的输出属性以一对多的形式同时向次生突发事件 E_{11}、E_{12}、…、E_{1n} 输入属性传递，引发一系列次生突发事件 E_{11}、E_{12}、…、E_{1n}。

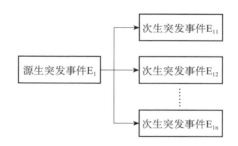

图 2.4　突发事件蔓延关系

资料来源：笔者绘制。

3. 衍生关系

衍生关系是指，处置某一种类事件的积极措施引发其他消极效果，突发事件受内源动力驱动，同时受到外源动力影响，合力引发其他事件。突发事件衍生关系，如图 2.5 所示。突发事件 E_1 和突发事件 E_2 的属性变化同步传递到突发事件 E_3，3 个突发事件之间呈现多对一关系，即突发事件 E_1 和突发事件 E_2 的输出属性全部是突发事件 E_3 的输入属性，但突发事件 E_1 和突发事件 E_2 的属性之间并无交集。

4. 耦合关系

耦合关系是指，两个或两个以上事件相互作用、共同促进事件

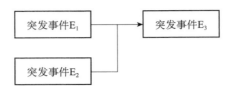

图 2.5　突发事件衍生关系

资料来源：笔者绘制。

的发展，或因事件间相互作用而引发其他事件。与衍生关系相比，区别在于两个事件之间存在相互作用。突发事件耦合关系，如图 2.6 所示。在内源动力和外源动力共同作用下，突发事件 E_1 和突发事件 E_2 相互影响导致自身属性发生突变，并引发突发事件 E_3，突发事件 E_1 和突发事件 E_2 存在属性交集，属性交集的变化共同传递到突发事件 E_3。

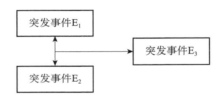

图 2.6　突发事件耦合关系

资料来源：笔者绘制。

2.4　非常规突发洪水事件系统中间层（情景层）要素描述及层内关系表达

　　非常规突发洪水事件系统中间层（情景层）是知识元实例化后的实体对象，包括各种环境子单元、承灾载体、基元事件、应急子活动的集合，四者之间相互作用推动突发事件系统发生和演化。环境子单元是基元事件发生和演化过程所处的情境，基元事件是情境中承灾载体属性状态变化形成的特定子过程，应急子活动是对于当前情景下对承灾载体属性状态的影响动作，能够引导基元事件的发生和发展。

2.4.1　非常规突发洪水事件系统中间层（情景层）要素描述

在特定时空环境中，初始事件与环境中的客观事物相互作用，客观事物被施加作用后，其某个状态属性值达到并超过临界值，状态发生突变，释放物质、能量及信息等灾害要素，促使原生突发事件演化产生衍生事件和次生事件。应急活动通过人为地对客观事物施加一定干预，阻止或控制事件的进一步发展、演进，从而延缓突发事件作用力、减少其对客观事物的破坏力。客观事物作为突发事件施加作用的对象，称为承灾载体，承灾载体也是突发事件应急活动的作用对象与保护对象。因此，突发事件客体、承灾载体、环境单元和应急活动是情景层的关键要素，四者之间的关系决定了顶层突发事件的演化行为和演化路径。将情景 S 视为由不同情景单元 s_i 构成的情景集合：

$$S = (s_0, s_1, s_2, \cdots, s_n) \qquad (2.4)$$
$$s_i = (E, C, H, Y, T)(i \in n) \qquad (2.5)$$

在式（2.4）、式（2.5）中，E 为事件集，C 为承灾载体集，H 为环境单元集，Y 为应急活动集，T 为情景单元 s_i 出现的时间集合，t_0（$t_0 \in T$）为初始情景 s_0 所在时刻。

2.4.2　非常规突发洪水事件系统中间层（情景层）要素间关系

对非常规突发洪水事件系统中间层（情景层）内各要素的属性进行详细分析，分解归类为三类属性，诱发因素、突变条件和后果影响。诱发因素作为输入属性集，是导致突发事件发生、承灾载体及环境单元状态变化的动因；突变条件为事件客体、承灾载体及环境单元维持常规状态不向非常规状态变化的最低限度，可视为状态属性集；后果影响是突发事件、应急活动及承灾载体各自对其他客体造成的影响，归纳为输出属性集。突发事件客体、承灾载体、环境单元和应急活动是突发事件情景中的四个客体，通过输入属性、状态属性、输出属性产生关联关系。突发事件通过输出属性将作用施加到其他承灾载体的输入属性上，导致其他承灾载体的状态属性发生变化，进而产生输出属性，作用于下一个环节的其他客体，推动突发事件情景向前演化。

非常规突发洪水事件系统的初始状态处于演化稳定状态，系统内各要素的状态都处于安全参数区间，当承灾载体受到外界影响时，其状态开始发生变化，承灾载体状态参数达到特定阈值后，客观事物自身状态发生突变，释放灾害要素，引发非常规突发洪水事件。非常规突发洪水事件载体通过输出属性又作用于系统内其他承灾载体，在特定环境条件下，引发其他承灾载体的状态变化，在给承灾载体造成损失的同时，引发另一个灾害事件，非常规突发洪水事件系统情景层要素关系，如图 2.7 所示。

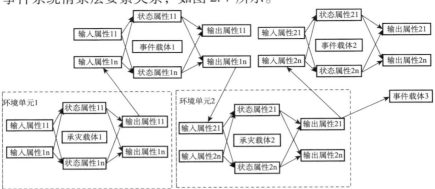

图 2.7　非常规突发洪水事件系统情景层要素关系

资料来源：笔者绘制。

2.5　非常规突发洪水事件系统底层（知识层）描述及知识元之间关系表达

非常规突发洪水事件系统底层（知识层）由反映突发事件系统演化过程本质的基础知识组成，包括事件、客观事物、环境单元、应急活动等知识单元，这些知识单元分别由对应的事件知识元、承灾载体知识元、环境单元知识元、应急活动知识元通过实例化、实体化而得到。知识层可表示为：

$$L_k = \{E_k, C_k, H_k, Y_k, R_k\} \tag{2.6}$$

在式（2.6）中，E_k表示突发事件系统内各类事件知识元构成的集合，$E_k = \{E_{k1}, E_{k2}, \cdots, E_{kn}\}$，$E_{ki}$表示 n 个事件知识元中第 i 个事件知识元；$C_k$表示突发事件系统内各类客观事物知识元（也可称为承灾载体）构成的集合，$C_k = \{C_{k1}, C_{k2}, \cdots, C_{km}\}$，$C_{ki}$表示 m 个承灾载体知识元中第 i 个承灾载体知识元；H_k表示突发事件系统内包含的环境单元知识元构成的集合，$H_k = \{H_{k1}, H_{k2}, \cdots, H_{kp}\}$；$H_{ki}$表示 p 个环境单元知识元中第 i 个环境单元知识元；Y_k表示突发事件系统内应急活动知识元构成的集合，$Y_k = \{Y_{k1}, Y_{k2}, \cdots, Y_{kq}\}$；$Y_{ki}$表示 q 个应急活动知识元中第 i 个应急活动知识元；R_k表示事件知识元、承灾载体知识元、环境单元知识元、应急活动知识元之间的关系集。

2.6　非常规突发洪水事件系统结构时空划分

非常规突发洪水事件系统层次结构反映了系统整体的纵向层次体系，从横向来看，非常规突发洪水事件系统的演化受到时间因素和空间因素的共同影响与共同制约，事件演化过程呈现出时间性和空间性。从时空角度对非常规突发洪水事件系统进行划分，能够更清晰地描述非常规突发洪水事件在表现层与情景层随时空变化而演化的情况，对于掌握非常规突发事件演化规律有重要的意义。

2.6.1　基于空间的划分

非常规突发洪水事件在空间上一般采用树状结构进行分解，空间因素是非常规突发洪水事件发生和演化的区域环境，由情境要素中的客观事物对象构成。在某一时刻，将事件在空间上展开为一棵树，某一时刻上的非常规突发洪水事件在空间上的分解，如图 2.8 所示。按照空间的展开对非常规突发洪水事件进行分级，还可以实现非常规突发洪水事件决策职责的分解，决策主体间根据时间、空间的划分，明确个人分工、职责范围。非常规突发洪水事件在空间上自上而下分解，高一级决策者进行全局性决策时，需要根据分解关系，自下而上地收集各级非常规突发洪水事件的信息加以综合。

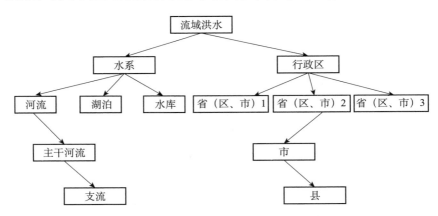

图 2.8　某一时刻上的非常规突发洪水事件在空间上的分解
资料来源：笔者根据各级水旱灾害应急预案整理绘制而得。

2.6.2　基于时间的划分

在突发事件演化过程中，引入时间切片的概念，随着时间轴的移动，突发事件应急情景是一幅连续的、不断变化的画面。为更好地分析突发事件系统的演化过程，沿突发事件演化过程的横轴（时间轴）纵向切分，得到某一时间片段即突发事件的时间切片。每个平面图都是某一关键决策点的事件应急情景在空间上的展开，非常规突发洪水事件系统时空划分，如图 2.9 所示，从 T_1 时刻开始，到 T_n 时刻结束。每个时间切片用一个页面表示，在切片所属的时间上或时段内非常规突发洪水事件在某空间上的演化状态。

在图 2.9 中，非常规事件在空间上的展开以及随时间的演变获得的情景，构成情景集。在 T_1 时刻，情景层内承灾载体 c_1 是承灾载体知识元 c 实例化后的集合，$c_1 = \{c_{11}，c_{12}，\cdots，c_{1a}\}$，$m_1$ 是环境单元知识元 m 实例化后的集合，$m_1 = \{m_{11}，m_{12}，\cdots，m_{1b}\}$，$c_1$ 中的部分承灾载体在环境单元 m_1 影响下，状态属性发生突变，将压力、信息、物质、能量等输出到承灾载体 c_2，承灾载体系统在外界因素作用下从一个运动状态向另一个运动状态的突变过程即导致突发事件的发生，因此，基元事件 e_2 形成，基元事件 e_2 由突发事件知识元 e 实例化得出，在环境单元 m_2 的作用下，c_2 受事件 e_2 的影响，同时，受应急活动 y_2 的负向作用，其状态即将发生变化，在表现层，突发事件 E_1 爆发。此时，基元事件子集 $e^{T1} = \{e_2\}$，突发事件子集 $E^{T1} = \{E_1\}$。

随着时间的推移，在时间切片 T_e 上，情景层内基元事件 e_e 引发承灾载体 c_e 的状态变化，在环境单元 m_e 和应急活动 y_e 的共同作用下，承灾载体状态变化不再导致其他客观事物的状态变化，无法引发新的突发事件发生，则认为突发事件的演化过程结束。需要注意的是，图 2.9 中一些基元事件并不一定会随时间的推移而在下一个时间切片内进入结束状态，比如，T_2 时刻所在的时间切片内包含的基元事件在其他时刻可能仍然存在。在当前时刻的情景中，已经结束的基元事件在决策时不用再考虑。通过将非常规突发洪水事件按

照各个时间切片进行叠加，从时间的先后顺序出发，在表现层对各
突发事件进行连接，在情景层可以清楚地看到突发事件系统的演化
过程。通过图 2.9 可以看出，在演化过程中，表现层突发事件集 $E =$
$\{E^{T1}, E^{T2}, \cdots, E^{Tn}, E^{Te}\} = \{E_1, E_2, \cdots, E_e\}(e \in n)$，情景层基元
事件集 $e = \{e_2, e_3, \cdots, e_a\}$，环境单元集 $m = \{m_1, m_2, \cdots, m_b\}$，
承灾载体集 $c = \{c_1, c_2, \cdots, c_p\}$，应急活动集 $y = \{y_1, y_2, \cdots, y_q\}$。

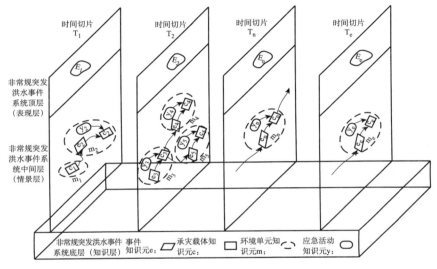

图 2.9　非常规突发洪水事件系统时空划分
资料来源：笔者绘制。

2.6.3　洪水灾害应急预案结构化分解研究

　　洪水灾害应急预案的结构化分解和流程化分解，是构建非常规
突发洪水领域特别是应急管理活动知识元模型的重要工作，也是实
现应急预案数字化的基础工作。洪水灾害应急预案的结构化，是通
过相应的逻辑性将预案内容拆分成很多基本的组成单位，切分对应
时间节点上的应急响应活动，拆分应急响应活动中相应部门的职责
分配、应急资源供给、相应应急响应启动条件、响应规则等内容，

分析时间流、信息流对应急响应活动流程的驱动关系。拆分应急预案的文本预案，将文本预案转化为信息系统可以识别的最小结构化单元。应急预案结构化分解的核心，是应急响应流程的拆分。应急响应流程过程，主要包含应急主体、应急任务、响应行动和应急资源四大关键模块。应急主体是在突发洪水事件发生时，具有应急响应功能的相关部门；应急任务是发生突发洪水事件时，有关部门应该采取的应对措施与解决办法，应急任务的核心是任务的解决方法与灾害发生环境的对应关系；响应行动是对于下达的应急任务实施的动作流程；应急资源是在应对紧急情况过程中，使用的各种资源的总称。

2.6.3.1　突发洪水灾害应急预案的结构化拆分方法

1. 应急预案的模块拆分

按照应急预案的组成结构，将非结构化变成结构化，对应急预案文本进行拆分，将文本预案转化为计算机可以识别的最小结构化单元。对预案进行拆分的关键核心在于，充分分析结构化单元之间的区别和联系，通过信息流和决策流对预案进行拆分。

以应急预案中应急响应流程结构化分解为例，应急响应流程中包含应急主体、应急任务、响应行动和应急资源四大关键模块。通过分析应急响应流程，掌握突发事件发生后各相关职能部门采取的相应应急响应行动。应急响应行动随空间链、时间链、事件链等洪水灾害情景演化而同步进行，应急管理人员按照特定的灾害场景，将自身的工作职能和上级传达的行动要求相结合，完成相应的应急响应工作。预案拆分的核心切入点在于，将预案分割成对应的时间节点，在对应的场景中对应的人做什么以及怎么做，应急预案结构化分解思路，如图 2.10 所示，按照时间流程，明确事件链上每个情景对应的人、对应的目标和对应的任务。

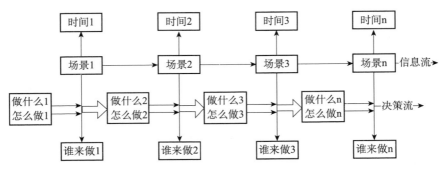

图 2.10　应急预案结构化分解思路
资料来源：笔者绘制。

2. 应急预案分解模板设计

根据突发洪水应急预案模块分解思路，设计突发洪水应急预案的通用分解模板。通过纵向延长，实现应急预案分解后粒度高精、责任明确、任务跟踪。在分解过程中，突发洪水应急管理由上级统一决策指挥，将对应级别的任务分配到各实施单位，相关参与部门在行政决策、协调调度、专业指挥处置和具体操作四个方面实施具体响应行动。在应急预案分解时，实现横向到纵向延伸，充分考虑特殊计划的相关性以及每个级别应急计划的相关部分，使得任务和响应分割内容保持一致，符合实际情况，预案内容全面，每个单位的职责必须明确界定，以避免行动拆分时相应职能重合和无人处理。同时，应急预案分解时还要充分考虑动态性和未知性存在于应急任务的响应执行中，要实现任务完成动态的持续跟踪及评估反馈。

3. 突发洪水灾害应急预案的流程化分解

应急预案的流程，是通过突发事件的规模大小、灾害程度和灾情发展趋势进行相应的应急业务流程设计，流程设计需要清晰地描述各个部门应急响应的指挥模块、应急行动模块、资源分配模块，实现应急预案的流程化分解。

全面考虑应急预案中每个单元的业务规则和实际处理工作中的大体响应规则,生成应急预案的相关主流程图,从主过程衍生出子过程分支,生成主过程的节点。应急响应计划过程应该基于节点,每个节点之间的关系是线性的。在最后一个节点末尾,生成结果以形成结果集,结果集与当前节点触发条件匹配。如果条件匹配结果达到触发条件阈值,则启动当前节点,执行当前节点任务,并协调所需资源。如果条件匹配结果不满足触发当前节点,处理结束。通过任务节点链,实现突发洪水灾害应急预案的流程化分解。

2.6.3.2　突发洪水事件应急预案结构化分解案例分析

节选苏州市防汛防旱应急预案中Ⅰ级应急响应流程,主要包括以下四点内容。

(1) 应急响应总体要求。

各级防汛防旱指挥部密切关注实时雨情、水情、工情、旱情、灾情,并根据不同情况启动相关应急程序。每年的 5 月 1 日至 9 月 30 日为汛期,进入汛期后,各级防汛防旱指挥部实行 24 小时值班制度。

按洪涝灾害、干旱灾害及水利工程险情的严重程度、影响范围,将应急响应分为Ⅳ级(一般)、Ⅲ级(较大)、Ⅱ级(重大)和Ⅰ级(特别重大)四级。

(2) 应急Ⅰ级响应启动条件。

当发生水旱灾害时,苏州市防汛防旱指挥部应严格按照应急响应启动条件启动相应等级的应急响应,必要时也可参照上级防汛防旱指挥部应急响应启动等级启动本市应急响应。

出现下列情况之一时,经综合研判后,启动Ⅰ级响应。

①长江流域发生特大洪水,长江江阴萧山站洪水水位达到 8.00 米,且有继续上涨趋势;或太湖流域发生特大洪水,太湖平均水位达到历史最高水位 4.97 米;或苏州城区发生特大洪水,京杭运河枫

桥站水位达到 4.95 米、阳澄湖湘城站水位达到 4.15 米、陈墓荡陈墓站水位达到 4.10 米，且有继续上涨趋势；或全市两个以上水系分区同时发生特大洪水。

②长江干流重要河段、太湖堤防或流域性水利工程发生崩岸、决口等特别重大险情。

③太湖平均水位低于 2.80 米。

④发生极度干旱，河、湖取水口水位过低，饮用水水源地水源枯竭，造成三个及以上县级供水片区局部停水或全部停水。

（3）应急响应启动程序。

Ⅰ级响应，苏州市防汛防旱指挥部上报市政府市长批准，由市防汛防旱指挥部发布。

（4）Ⅰ级应急响应行动。

市防汛防旱指挥部向市政府汇报，由市长主持会商，市防汛抗旱指挥部全体成员参加，分析研判汛情、旱情发展态势，部署防汛防旱工作，提出重点对策措施，并将情况及时上报市委、市政府和省防汛防旱指挥部。市防汛防旱指挥部成员单位负责人到市防汛防旱指挥部集中办公，成立应急工作组。市委、市政府领导防汛工作组成员赴各地指导防汛防旱工作。

当发生流域或区域超标准洪水时，按照政府批复的超标准洪水应对方案，明确责任，落实措施。

市防汛防旱指挥部，可依法宣布进入紧急防汛期。情况严重时，提请市政府常务会议听取汇报并制定决策方案。决定是否采取非常手段，必要时请求部队支援。

市防汛防旱指挥部密切监视汛情、旱情和工情的发展变化，做好汛情、旱情预测预报，做好区域水利工程调度，为灾区紧急调拨防汛防旱物资，并在 24 小时内派出专家组赴一线加强技术指导。

财政部门及时为灾区提供资金帮助。公安部门、交通部门发布船舶和车辆的交通管制命令，并为防汛防旱物资运输提供运输保障。应急部门及时会同有关方面，组织协调紧急转移安置受灾群众。卫生部门根据需要及时派出医疗卫生专业队伍赴灾区，开展医疗救治、疾病预防控制和卫生监督工作。市防汛抗旱指挥部其他成员单位按照职责分工做好有关工作。

综合组：汇总防汛防旱动态信息，根据汛情、灾情发展，每 3 小时进行会商，并及时向指挥部汇报。

抢险救灾组：汇总各地抢险救灾信息，每 3 小时向指挥部报告一次；各防汛抢险队伍到指定地点待命，随时投入抢险救灾。

宣传组：运用广播、电视、报刊、政府网站、政府公报及新媒体等形式，向社会公开或通报突发公共事件；组织宣传报道抢险工作动态、先进事迹等；广播电视要随时插播、增播和滚动播放气象信息和汛情通报；适时组织召开新闻发布会；确保广播电视信号畅通并及时组织力量对受损的传输线路进行抢修和恢复。

专家组：每 3 小时组织一次会商，分析阶段水文、气象预测预报结果，提出阶段工作重点，及时提出洪水预报，制定抢险方案。

2.7　本章小结

在范维澄突发事件系统"三角形模型"基础上，对非常规突发洪水事件系统进行结构分析，将非常规突发洪水事件系统分解为突发事件、承灾载体、环境单元及应急管理活动四个子系统。从知识层、情景层、表现层三个层次对非常规突发洪水事件系统进行纵向分解，详细研究各层要素描述及层内关系表达。从时空角度对非常规突发洪水事件进行横向分解，按照时空演化过程，分析非常规突发洪水事件系统演化过程，为后续引入知识元模型对非常规突发洪水领域的知识进行建模表达做好系统分解工作。

第 3 章

非常规突发洪水领域知识元模型构建研究

本章在对非常规突发洪水事件系统结构分析的基础上，对突发事件、承灾载体、环境单元及应急管理活动进行细分，细分至管理学范畴下不可再分为止。通过对共性知识元模型进行扩展，分别建立非常规突发洪水事件知识元模型、非常规突发洪水承灾载体知识元模型、环境单元知识元模型、应急管理活动知识元模型，并对四类知识元之间的关系进行分析。在知识元模型的基础上，通过对知识元模型实例化、实体化，得到具体事物对象知识元及具体事物对象，实现对非常规突发洪水事件领域知识的通用表达。

3.1　共性知识元模型

王延章（2011）基于知识工程的理论方法，把知识元模型作为客观事物，利用概念、属性及关系约束三元组构建知识元模型：

$$K = (k_1, \ k_2, \ k_3, \ \cdots, \ k_n) \tag{3.1}$$

$$K_m = (N_m, \ A_m, \ R_m) \quad m \in n \tag{3.2}$$

$$K_a = (p_a, \ d_a, \ f_a) \quad \forall a \in A_m \tag{3.3}$$

$$K_r = (p_r, \ A_r^I, \ A_r^O, \ f_r) \quad \forall r \in R_m \tag{3.4}$$

在式（3.1）中，K 为某一具体知识，k_n 为组成知识的知识元。

在式（3.2）中，K_m 为 K 中一个知识元，N_m 是事物的概念和属性名称，A_m 是对应的属性状态集，R_m 为 $A_m \times A_m$ 上的映射关系集，描述属性状态变化及相互作用关系，K_m 简称对象知识元。

在式（3.3）中，K_a 描述事物的任一属性状态，简称属性知识元，p_a 表示事物属性的可测特征描述，根据 p_a 可测度情况，d_a 为不随时间变化的可测度量纲以及函数，f_a 为随时间变化的可测度函数，属性知识元的参数取值范围，如表3.1所示。

表3.1　　　　　　　　　属性知识元的参数取值范围

取值	Pa 特征	da 特征	fa 特征
0	不可描述	—	—
1	可描述	—	属性状态值随时间变化可辨识，则存在函数：$a_t = f_a\ (a_{t-1},\ t)$
2	常规可测度	测度量纲	
3	随机可测度	概率分布	
4	模糊可测度	模糊数	
⋮	⋮	⋮	⋮

注："—"表示无内容。
资料来源：笔者根据王延章（2011）的相关内容整理而得。

在式（3.4）中，K_r 描述事物对象的内部属性之间的约束关系，简称关系知识元，p_r 描述事物对象属性之间的映射关系，f_r 是关系映射的函数，A_r^I、A_r^O 代表关系中的输入属性、输出属性，$(A_r^I,\ A_r^O) \in A_m$。

通过知识元模型，能够从概念、属性、关系三个角度对复杂的突发事件系统进行抽象描述，通过知识元体系将复杂问题分解、细化，同时，知识元具有方便共享、检索、存储等特点，借助计算机平台能够实现对突发事件过程的模拟与仿真。

3.2　非常规突发洪水领域知识元模型及知识元实体化过程

通过对共性知识元模型进行扩展，得到非常规突发洪水事件知识元模型，实现了对非常规突发洪水基元事件的规范描述，如洪水事件知识元，再对非常规突发洪水事件知识元模型进行实例化，得到非常规突发洪水事件对象知识元结构，如溃坝事件知识元，通过具体洪水事件知识元实现对具体基元事件概念、属性及状态的描述，对具体突发事件知识元进行实体化，得到非常规突发洪水事件具体基元事件，如桃曲坡水库溃坝基元事件，逐层实现从模型到概念再到实体的规范表达。

非常规突发洪水事件知识元构建及实体化过程，如图 3.1 所示。

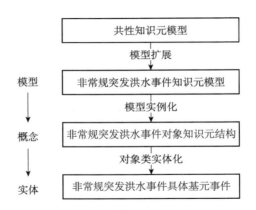

图 3.1　非常规突发洪水事件知识元构建及实体化过程
资料来源：笔者绘制。

3.3　非常规突发洪水事件知识元构建

3.3.1　非常规突发洪水事件分解

从演化生命周期角度对非常规突发洪水事件进行阶段分解，可以分为非常规突发洪水事件萌芽、爆发、演化扩散、衰退消亡等阶段，按照非常规突发洪水生命周期阶段划分，将非常规突发洪水事件系统从顶层开始逐层向下分解。根据《国家突发公共事件总体应急预案》《国家防汛抗旱应急预案》《国家自然灾害救助应急预案》《长江流域防汛抗旱应急预案》《淮河防汛抗旱总指挥部防汛抗旱应急预案》等预案，结合洪水的历史案例，经过咨询专家，对非常规突发洪水事件进行逐层分解。因为非常规突发洪水事件极其复杂，为方便后续制定应急决策方案，所以，本书将非常规突发洪水事件分解到一定层面，并不是所有事件都分解为最小的事件单位，洪水基元事件即为关于洪水事件不能再分的基本子过程。因为洪水类型众多，所以，本书只研究由暴雨引发的河道洪水，非常规突发洪水事件结构节选，如图 3.2 所示。

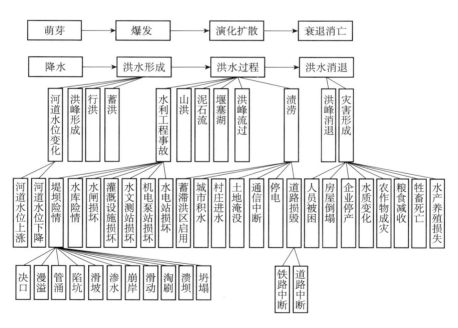

图 3.2　非常规突发洪水事件结构节选

资料来源：笔者根据《国家突发公共事件总体应急预案》《国家防汛抗旱应急预案》《国家自然灾害救助应急预案》《长江流域防汛抗旱应急预案》的相关内容整理绘制而得。

3.3.2 非常规突发洪水事件知识元模型构建

通过继承共性知识元模型的思想，对洪水基元事件的概念、属性进行抽象，同时，每一类知识元又可细分为相应的子类知识元，子类知识元继承父类知识元属性，并扩展自己的个性化属性，保证知识元表达是完备的，进而构建洪水事件知识元模型。

通过采用洪水事件知识元模型对洪水基元事件进行具体化描述，形成洪水事件知识元，所描述的洪水基元事件是不可再分的基本子过程，因此，一个洪水事件知识元，能够表达一个完整的洪水基元事件。

用 E 表示洪水事件，其由若干个事件基本子过程组成，即由若干个洪水基元事件组成，$E = (e_1, e_2, \cdots, e_n)$，对于任意一个基元事件 e_i，根据通用知识元模型，用三元组表达洪水事件的知识元模型为：

$$K_e = (N_e, A_e, R_e) \tag{3.5}$$

在式（3.5）中，N_e 表示洪水事件的名称及描述，A_e 表示洪水事件的属性集，R_e 表示洪水事件属性状态的变化及相互作用关系。

1. 事件名称及事件描述

洪水事件的概念及名称集 N_e 表示为：

$$N_e = (Eid, E_{name}) \tag{3.6}$$

在式（3.6）中，Eid 为事件的唯一标识，便于洪水事件的存储与调用；E_{name} 为事件名称。

2. 属性集

根据洪水基元事件的属性状态特点，对属性集 A_e 定义如下：

$$A_e = (A_e^I, A_e^S, A_e^O) \tag{3.7}$$

在式（3.7）中，A_e^I 为事件输入属性集，该部分属性不随时间推移而变化，如洪水中溃坝的发生时间、结束时间、发生地点等，也可以为事件的前一种状态，或引起事件的原因。A_e^S 为事件状态属性集，包括事件知识元的状态要素属性和事件知识元的突变要素属性，事件的状态属性会导致事件产生破坏能力。A_e^O 为事件输出属性集，包括事件知识元的系统响应输出属性和事件知识元的损失状况输出属性，反映事件对承灾载体及外界环境造成的破坏以及损失。

为统一描述属性，描述洪水基元事件 e 的每个状态属性 ea 具有的共性知识结构，对于属性集 A_e，$\forall ea \in (A_e^I,\ A_e^S,\ A_e^O)$，状态属性 ea 都应具有共性知识结构，这个规范被称为属性知识元，属性知识元用三元组表示为：

$$K_{ea} = (p_{ea},\ d_{ea},\ f_{ea}) \tag{3.8}$$

在式（3.8）中，p_{ea} 表示事物属性的可测度特征描述，根据 p_{ea} 的可测度情况，d_{ea} 为不随时间变化的可测度量纲或可测度函数，f_{ea} 为随时间变化的可测度函数。

3. 属性状态变化及相互作用关系

R_e 表示 e 的属性状态关系集，R_e 代表的关系主要有两种：

$$\begin{cases} f_{ss}(A_{ei}^S,\ A_{ej}^S) = 1 \\ f_{so}(A_{ei}^S,\ A_{ej}^O) = 1 \end{cases} \tag{3.9}$$

这两种关系为洪水基元事件 e 的主要属性状态关系，f_{ss} 表示洪水基元事件 e 的状态属性 A_{ei}^S 和状态属性 A_{ej}^S 之间的作用关系，f_{so} 表示洪水基元事件 e 的状态属性 A_{ei}^S 与洪水基元事件输出属性 A_{ej}^O 之间的作用关系。

对于关系 R_e 来说，$\forall r \in R_e$，关系 r 符合 $K_r = (p_r,\ A_r^I,\ A_r^O,\ f_r)$ 的规范要求，p_r 表示事物对象属性间关系映射的描述，可以为结构、逻辑、隶属、函数、线性、非线性、随机、模糊等，f_r

是关系映射的函数，A_r^I、A_r^O 代表关系中的输入属性状态集、输出属性状态集，$(A_r^I, A_r^O) \in A_m$，对应存在具体映射函数 $A_r^O = f_r$ (A_r^I)。

4. 非常规突发洪水事件知识元之间的关系

突发事件是由其元事件按照各种关系组合构成的，元事件之间存在时序关系、继承关系、因果关系，非常规突发洪水知识元之间同样存在时序关系、继承关系、因果关系。

（1）时序关系。

时序关系：表示两个洪水事件知识元所描述的基元事件发生的先后顺序，包括 Before，After，Concurrent。

①Before：表示洪水事件知识元描述的基元事件 A 在基元事件 B 之前发生。

②After：表示洪水事件知识元描述的基元事件 A 在基元事件 B 之后发生。

③Concurrent：表示一个洪水事件知识元描述的基元事件与另一个洪水事件知识元描述的基元事件同时发生。

（2）继承关系。

根据图3.2，洪水事件知识元在不同层级间存在不同的关系，如果下层知识元继承了上层知识元的所有相关属性，可能又加入自身特有的部分属性，这表明两个知识元之间具备"父子"继承关系。如道路损毁与铁路中断之间的上下层级关系，铁路中断知识元继承了道路损毁知识元的相关属性并加入铁路特有的部分属性。

（3）因果关系。

洪水基元事件 A 引发洪水基元事件 B，两者之间的关系称为因果关系，知识元之间的因果关系是洪水事件，也是所有突发事件最常见、最普遍存在的关系类型，因果关系也是推动突发事件发展、演化的最主要动力源泉，洪水事件中"降水"知识元与"河道水位上升"知识元之间构成典型的因果关系。

3.3.3 非常规突发洪水事件知识元模型实例及实体化

在非常规突发洪水事件知识元模型的基础上，对非常规突发洪水事件进行逐层分解后，得到应急管理意义上的基元事件集合，提取每个基元事件的属性集，形成每个基元事件的知识元模型，完成具体事件的知识元模型实例化过程，根据非常规突发洪水事件的实际情景，对具体事件知识元模型中的状态属性进行实体化，知识元各属性根据实际情况赋值，得到具体事件的知识元实体。

1. 事件知识元实例化模型构建

以河道水位上升事件为例，构建知识元 K_e（河道水位上升）。

（1）河道水位上升知识元模型。

K_e（河道水位上升）=（河道水位上升，{输入属性}，{状态属性}，{输出属性}）；

河道水位上升事件输入属性=（事件编号，所属河流，流域面雨量，河流径流量）；

河道水位上升事件状态属性=（事件时段，初始水位，水位涨差，水位警戒线，警戒线水位时长，初始流量，流量涨差）；

河道水位上升事件输出属性=（最终水位，最终流量）。

（2）属性集约束。

根据河道水位上升知识元模型中的属性定义，结合实际情况，给出各属性的属性约束，河道水位上升知识元属性集约束，如表3.2所示。

表 3. 2 　　　　　　　　河道水位上升知识元属性集约束

属性类型	属性名称	属性约束 K_{ca}		
		p_{ca}	d_{ca}	f_{ca}
河道水位上升事件输入属性 A_e^I	事件编号	可描述	—	—
	所属河流	可描述	—	—
	流域面雨量	可描述	mm	—
	河流径流量	可测	m^3/s	—
河道水位上升事件状态属性 A_e^S	事件时段	可描述	—	—
	初始水位	可测	m	时变
	水位涨差	可测	m	时变
	水位警戒线	可测	m	—
	警戒线水位时长	可测	h	时变
	初始流量	可测	m^3/s	时变
	流量涨差	可测	m^3/s	时变
河道水位上升事件输出属性 A_e^O	最终水位	可测	m	时变
	最终流量	可测	m^3/s	时变

注："一"表示无内容。
资料来源：笔者根据各级水旱灾害应急预案整理而得。

2. 事件知识元实体化表达

以淮河流域阜阳段为例，将河道水位上升事件知识元进行实体化，得到具体的河道水位上升事件，淮河流域阜阳段河道水位上升知识元实体，如表 3.3 所示，在前一事件降雨的输出属性流域面雨量、河流径流量成为水位上升事件的输入属性，状态属性发生变化，并为后续事件输出最终水位、最终流量两个属性。

表 3. 3 　　　　　　淮河流域阜阳段河道水位上升知识元实体

属性类型	属性名称	属性约束 K_{ca}			属性状态值 Z_{ea}^T
		p_{ca}	d_{ca}	f_{ca}	
河道水位上升事件输入属性 A_e^I	事件编号	可描述	—	—	hd_ fy_20070701
	所属河流	可描述	—	—	淮河
	流域面雨量	可测	mm		150mm
	河流径流量	可测	m^3/s		2530m^3/s

续表

| 属性类型 | 属性名称 | 属性约束 K_{ca} | | | 属性状态值 Z_{ea}^T |
		p_{ca}	d_{ca}	f_{ca}	
河道水位上升事件状态属性 A_e^S	事件时段	可描述	—	—	20070701～20070702
	初始水位	可测	m	时变	21.0m
	水位涨差	可测	m	时变	2.4m
	水位警戒线	可测	m	—	29m
	警戒线水位时长	可测	h	时变	0h
	初始流量	可测	m^3/s	时变	$2530m^3/s$
	流量涨差	可测	m^3/s	时变	$500m^3/s$
河道水位上升事件输出属性 A_e^O	最终水位	可测	m	时变	23.4m
	最终流量	可测	m^3/s	时变	$3030m^3/s$

注："—"表示无内容。

资料来源：笔者根据水利部淮河水利委员会网站资料整理而得。

3.4 非常规突发洪水承灾载体知识元构建

3.4.1 非常规突发洪水承灾载体系统分解

洪水承灾载体系统是由与洪水相关的各种客观存在的事物及系统组成的，承灾载体知识元是组成客观事物系统的基本元素，将与洪水相关的客观事物系统分成若干个不可再分的单元，称为洪水承灾载体系统基本单元，与知识元概念相一致。抽取洪水承灾载体系统中基本单元的属性要素及属性关系，基于共性知识元模型对其进行描述，形成洪水承灾载体系统知识元。从知识刻画来看，洪水承灾载体系统可以视为若干个承灾载体系统知识元的集合。

根据《中华人民共和国国家标准：防洪标准（GB50201—2014）》中对洪水承灾载体的分类，并结合《国家防汛抗旱应急预案》对非常规突发洪水承灾载体系统进行逐层分解，非常规突发洪水承灾载体结构节选，如图 3.3 所示。

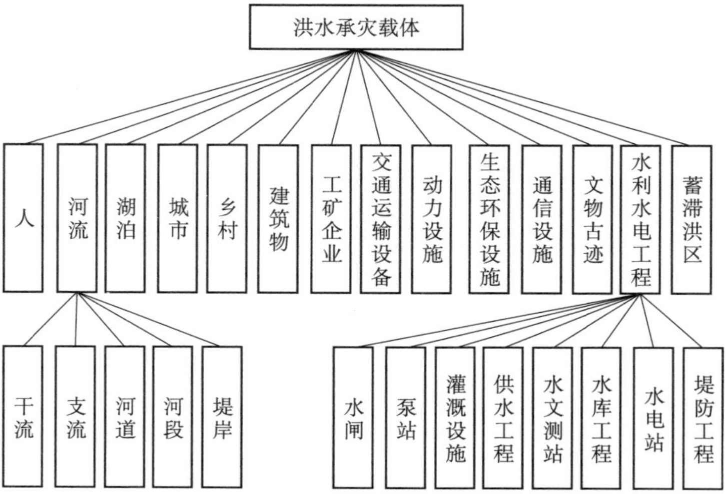

图 3.3　非常规突发洪水承灾载体结构节选

资料来源：笔者根据《中华人民共和国国家标准：防洪标准（GB50201—2014）》整理绘制而得。

3.4.2　非常规突发洪水承灾载体知识元模型构建

用 C 表示非常规突发洪水承灾载体集，其由若干个承灾载体组成。$C=(c_1, c_2, \cdots, c_n)$，对于任意一个承灾载体 c_i，通过对共性知识元模型进行扩展，得到承灾载体知识元模型为：

$$K_c=(N_c, A_c^I, A_c^S, A_c^O, R_c) \tag{3.10}$$

1. 承灾载体名称

N_c 为承灾载体（客观事物）概念名称。

2. 属性集

A_c^I 为承灾载体输入属性集，基本属性集不会随着事件发展的变化过程而变化，例如，河道的所属河段、起止点、河道类型等。

A_c^S 为承灾载体状态属性集，包括承灾载体的状态要素属性集和承灾载体的突变要素属性集；突变要素属性集是与形成后续事件条件有关的属性集，基本为时变属性，随着时间变化突变属性会发生变化，当突变要素属性值达到一定临界状态，会引发后续突发事件。如河道知识元的"水位"属于突变要素，一旦水位突破保证水位乃至警戒水位，"堤坝漫溢"事件就会发生。

A_c^O 为承灾载体输出属性集，包括承灾载体的损失状况输出属性和承灾载体的系统响应输出属性，反映承灾载体状态属性变化对外部环境造成的变化及损失。

对于 $\forall ca \in (A_c^I,\ A_c^S,\ A_c^O)$，属性 ca 都应具有共性知识结构，这个规范被称为属性知识元，属性知识元用三元组表示为：

$$K_{ca} = (p_{ca},\ d_{ca},\ f_{ca}) \tag{3.11}$$

在式（3.11）中，p_{ca} 表示承灾载体 c_i 的属性可测性描述（"可描述的"或"可测度的"），d_{ca} 表示测度量纲，f_{ca} 表示属性的时变函数。

3. 属性状态变化及相互作用关系

对于非常规突发洪水承灾载体知识元属性间的关系 R_c，$\forall r \in R_c$，关系 r 符合公式 $K_r = (p_r,\ A_r^I,\ A_r^O,\ f_r)$ 的规范要求，p_r 表示事物对象属性之间关系映射的描述，可以为线性、非线性、函数、隶属、随机等，f_r 是关系映射的函数，A_r^I 代表关系中的输入属性状态集、A_r^O 代表关系中的输出属性状态集，$(A_r^I,\ A_r^O) \in A_m$，对应存在具体映射函数 $A_r^O = f_r(A_r^I)$。

4. 非常规突发洪水承灾载体知识元之间的关系

非常规突发洪水承灾载体知识元是从洪水事件对应的客观事物系统中分解而来的，洪水事件对应的客观事物系统呈现树状结构，因此，树状结构的上下层洪水承灾载体知识元之间存在继承关系，如河流知识元与河段知识元之间具有上下层的继承关系。

对于承灾载体知识元之间，除了上下层知识元具有继承关系之外，描述承灾载体对象的知识元属性之间还存在关联关系，如河段的知识元属性中有起止点，目前，中国河段的起止点基本上都与水文测站相关，因此，河段与水文测站两个知识元之间具有明显的关联关系。

3.4.3　非常规突发洪水承灾载体知识元模型实例化

以承灾载体河道为例，构建知识元 K_c（河道）：

（1）河道知识元模型。

K_c（河道）=（河道，｛输入｝，｛状态｝，｛输出｝，属性间关系）

河道输入 =（所属河段，起止点，河道类型，堤高，警戒水位，护岸类型，年平均水位）

河道状态 =（水位，水量，水面宽度，水深，水流速度）

河道输出 =（水流总量）

（2）河道知识元属性集约束。

根据河道知识元模型中的属性定义，结合实际情况给出各属性的属性集约束。河道知识元属性集约束，如表 3.4 所示。

表 3.4　　　　　　　　　　河道知识元属性集约束

属性类型	属性名称	属性约束 K_{ca}		
		p_{ca}	d_{ca}	f_{ca}
河道输入 A_c^I	所属河段	可描述		
	起止点	可描述		
	河道类型	可描述		
	堤高	可测度	m	
	警戒水位	可测度	m	
	护岸类型	可描述		
	年平均水位	可测度	m	
河道状态 A_c^S	水位	可测度	m	时变
	水量	可测度	m^3	时变
	水面宽度	可测度	m	时变
	水深	可测度	m	时变
	水流速度	可测度	m/s	时变
河道输出 A_c^O	水流总量	可测度	亿 m^3	时变

资料来源：笔者根据各级水旱灾害应急预案整理而得。

3.5　非常规突发洪水环境单元知识元构建

环境单元是指，突发事件发生、发展过程中在一定空间范围内以自然环境为主，社会环境、人文环境和其他物理设施为辅的灾害背景。

3.5.1　非常规突发洪水环境单元分解

根据《基础地理信息要素分类与代码》和《国家防汛抗旱应急预案》，结合非常规突发洪水需要，从中节选部分地理信息和气候信息，用以描述非常规突发洪水过程中的环境单元。非常规突发洪水环境单元结构节选，如图 3.4 所示。

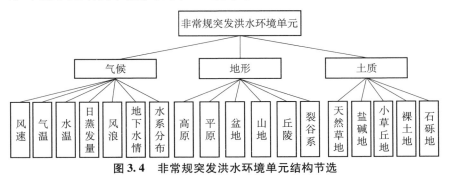

图 3.4　非常规突发洪水环境单元结构节选

资料来源：笔者根据《基础地理信息要素分类与代码》（GB/T 13923—2022）整理绘制而得。

3.5.2　非常规突发洪水环境单元知识元模型构建

用 H 表示非常规突发洪水环境单元集，其由若干个环境子单元组成，$H = (h_1, h_2, \cdots, h_n)$，对于任意一个环境子单元 h_i，用知识元模型表示为：

$$K_h = (N_h, A_h, R_h) \tag{3.12}$$

在式（3.12）中，N_h 为非常规突发洪水环境单元；A_h 为环境单元属性集，对于 $\forall ha \in A_h$，属性 ha 符合式（3.3）的规范要求；

对于 $\forall r \in R_h$，关系 r 符合式（3.4）的规范要求。

3.5.3　非常规突发洪水环境单元知识元实例化

以环境单元知识元为例，构建地理知识元 K_h（地理）：

K_h（地理）＝（地形地貌，河网密度）

根据地理知识元模型中的属性定义，结合实际情况，给出各属性的属性约束，地理知识元属性约束，如表 3.5 所示。

表 3.5　　　　　　　　　　　地理知识元属性约束

属性名称	属性约束 K_{ca}		
	p_{ca}	d_{ca}	f_{ca}
地形地貌	可描述		
河网密度	可测度	km/km^2	

资料来源：笔者根据《基础地理信息要素分类与代码》（GB /T 13923—2022）整理而得。

3.6　非常规突发洪水应急管理活动
知识元模型构建

根据中国工程院院士范维澄的观点，应急管理是指，预防突发事件发生、减少突发事件造成的灾害性后果的人为干预手段。应急管理主体在适当的时机、选择适当的方式、采取适当的措施对突发事件或承灾载体施加干预，从而减弱突发事件的作用并减少突发事件对区域内承灾载体的破坏，阻止或控制突发事件的发生、发展。应急管理通过对突发事件实施干预，可降低突发事件破坏作用的时空强度，应急管理活动也可以采取相应措施干预承灾载体，可增强承灾载体的抵御能力，延缓突发事件发展恶化。应急管理活动是人为干预突发事件的活动，是人为了使客观事物系统状态发生改变而开展的干预活动，还可以视为客观事物系统在主使因素为人的条件下状态变化的过程。

3.6.1　非常规突发洪水应急管理活动分解

1. 非常规突发洪水应急管理指挥体系

中国应急管理体制的特点，是分类管理、分级负责、条块结合、属地管理为主，在应急管理体制框架下，中国洪水应急管理指挥体系逐步完善，主要由政府行政管理部门和流域管理部门组成。按照《中华人民共和国防洪法》《中华人民共和国防汛条例》《中华人民共和国抗旱条例》和国务院"三定方案"（定机构、定编制、定职能）的规定，国家防汛抗旱总指挥部在国务院领导下，负责领导组织全国的防汛抗旱工作，国家防汛抗旱总指挥部办公室设在应急管理部，承担总指挥部日常工作。国家防汛抗旱总指挥部主要包括应急管理部、水利部、民政部、财政部等相关单位，负责制定国家防汛抗旱的政策、制度、法规等，组织领导全国的防汛抗旱工作，组织制定全国大江大河洪水防御方案，掌握全国汛情、灾情，组织实施抗洪抢险、灾情评定、灾后重建等，制定跨区域调水方案包括跨省（区、市）调水方案，统一调度全国水利水电设施的水量。国家防汛抗旱总指挥部负责其各成员单位的综合协调工作，组织各成员单位分析会商、研究部署并开展防汛抗旱工作，并提出重要的防汛抗旱指挥意见、调度意见、决策意见，编制国家防汛抗旱应急预案并组织实施，组织编制、实施全国大江大河大湖及重要水利工程防御洪水方案、洪水调度方案、水量应急调度方案和全国重点干旱地区及重点缺水城市抗旱预案等防汛抗旱专项应急预案。同时，负责全国洪泛区、蓄滞洪区和防洪保护区的洪水影响评价工作，组织协调指导蓄滞洪区安全管理和运用补偿工作。

国家防汛抗旱总指挥部下设流域防汛抗旱总指挥部，如长江流域防汛抗旱总指挥部、黄河流域防汛抗旱总指挥部、淮河流域防汛抗旱总指挥部，流域防汛抗旱总指挥部办事机构设在流域管理机构，流域防汛抗旱总指挥部主要由流域管理机构及流域所在省（区、市）人民政府组成。

有关流域、县级以上地方人民政府设立防汛抗旱指挥部，防汛抗旱指挥部由本级地方人民政府和相关部门、当地驻军等组成，办事机构设在同级水利行政主管部门管理机构、水利工程管理单位、水文部门、救灾组织等，在指挥部领导下，负责本行政区域或本流域所辖范围内的防汛突发事件应对工作，向本级地方人民政府和上级防汛抗旱指挥部报告防汛救灾应急工作有关情况。

中国防汛抗旱应急指挥体系层次结构，如图 3.5 所示。

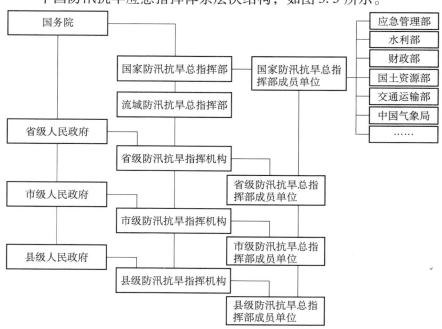

图 3.5　中国防汛抗旱应急指挥体系层次结构
资料来源：笔者根据中国应急管理部网站的相关内容整理绘制而得。

2. 非常规突发洪水应急管理体系分解

从图 3.5 中的中国防汛抗旱应急指挥体系层次结构可以看出，

应急决策及应急管理从行政级别和业务职能两个方向被逐层细分，应急管理工作逐级分解，从国家防汛抗旱总指挥部到县级防汛抗旱指挥机构，每个层级均有不同的指挥协调职责权限和应急决策侧重点。某一行政层级应急管理活动的一个目标可能会被分解为多个目标，并由下一层级的多个应急管理部门分别执行，而微观层面上围绕一个情景开展的应急管理活动，称之为应急管理活动的基本单元，这些基本单元均可以用相同的知识结构进行表达。

根据《中华人民共和国防洪法》《国家防汛抗旱应急预案》《国家防汛抗旱总指挥部防汛抗旱应急响应工作规程》《水情预警发布管理办法（试行）》等管理文件，结合暴雨引发流域洪水应急管理的实际情况，对洪水应急管理活动进行逐层分解，最终得到洪水应急管理活动的基本单元。洪水应急管理活动节选，如图 3.6 所示。

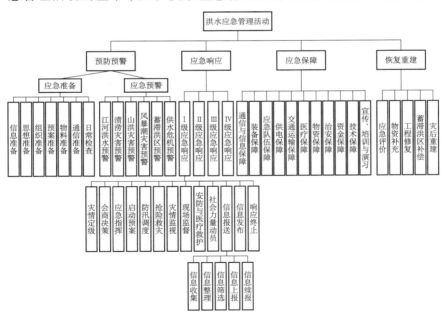

图 3.6　洪水应急管理活动节选

资料来源：笔者根据《中华人民共和国防洪法》《国家防汛抗旱应急预案》《国家防汛抗旱总指挥部防汛抗旱应急响应工作规程》《水情预警发布管理办法（试行）》整理绘制而得。

3.6.2　非常规突发洪水应急管理活动知识元模型构建

从离散事件系统的观点来看，活动标志着系统状态的转移，表示两个可以区分的事件之间的过程。应急管理活动是在应急管理中为达到一定管理目的并能改变客观事物系统状态的过程，洪水应急管理活动知识元是在管理范畴下不可再分的最小洪水应急管理活动单元，包含应急管理活动的基本要素，具备完备的知识表达。

根据应急管理活动的组成，非常规突发洪水应急管理活动基本单元主要包括以下几种要素。

活动主体：表示应急管理活动执行的主体，可以是人或组织。

活动客体：表示应急管理活动的执行对象；包括灾害中需要帮助和救治的人，如伤员等；灾害中需要抢险的物资，如基础设施、物资财产等；还包括突发事件本身，如大火、污染物等。

活动操作：表示应急管理活动的内容，根据应急情景，由应急管理活动主体对应急管理活动客体采取的具体动作，会使应急管理活动客体的状态发生变化。

活动结果：表示应急管理活动执行导致应急管理活动客体状态产生的变化。

活动约束：表示应急管理活动执行时受到的约束集合，包括资源约束、时间约束及空间约束等。

活动时间：表示应急管理活动执行的具体时间，或应急管理活动执行的时间段。

活动地点：表示应急管理活动执行的地理位置。

活动状态：表示应急管理活动在应对处置突发事件时所处的状态，包括待执行状态、初始执行状态、正在执行状态和执行结束状态。

Y 表示应急管理活动集，由 n 个应急管理活动基本单元组成，$Y = (y_1, y_2, \cdots, y_n)$，对于任一个应急管理活动基本单元 y_i，用知识元模型表示为：

$$K_y = (N_y, A_y, R_y) \tag{3.13}$$

在式（3.13）中，N_y 表示应急管理活动知识元的名称集，A_y 表示应急管理活动知识元的属性状态集，R_y 表示应急管理活动知识元的关系集。

1. 应急管理活动知识元名称及描述

非常规突发洪水事件应急管理活动知识元的名称集 N_y 表示为：

$$N_y = (Y_{id}, Y_{name}) \tag{3.14}$$

在式（3.14）中，Y_{id} 表示非常规突发洪水应急管理活动的唯一标识，用于非常规突发洪水应急管理活动的存储与调用；Y_{name} 表示非常规突发洪水应急管理活动的名称。

2. 属性知识元

根据非常规突发洪水应急管理活动基本单元的要素，非常规突发洪水应急管理活动知识元的属性状态集 A_y 定义为：

$$A_y = (A_y^{zt}, A_y^{kt}, A_y^{cz}, A_y^{jg}, A_y^{ys}, A_y^{sj}, A_y^{dd}, A_y^{zt}) \tag{3.15}$$

在式（3.15）中，A_y^{zt}，A_y^{kt}，A_y^{cz}，A_y^{jg}，A_y^{ys}，A_y^{sj}，A_y^{dd}，A_y^{zt} 等分类属性共同构成了应急管理活动知识元 A_y 的属性集，其中，A_y^{zt} 为应急管理活动知识元的应急活动主体属性集，A_y^{kt} 为应急管理活动知识元的应急活动客体属性集，A_y^{cz} 为应急管理活动知识元的应急活动执行集，A_y^{jg} 为应急管理活动知识元的活动结果属性集，A_y^{ys} 为应急管理活动知识元的应急活动约束属性集，A_y^{sj} 为应急管理活动知识元的活动时间属性集，A_y^{dd} 为应急管理活动知识元的活动地点属性集，A_y^{zt} 为应急管理活动知识元的活动状态属性集。

对于属性状态集 A_y，$\forall ya \in A_y$，属性 ya 都具有共性知识结构，这个规范被称为属性知识元，属性知识元用三元组表示为：

$$K_{ya} = (p_{ya}, \ d_{ya}, \ f_{ya}) \tag{3.16}$$

在式（3.16）中，p_{ya} 表示事物属性的可测度特征描述，根据 p_{ya} 的可测度情况，d_{ya} 为不随时间变化的可测度量纲以及可测度函数，f_{ya} 为随时间变化的可测度函数。

3. 关系知识元

公式（3.13）为非常规突发洪水应急管理活动知识元内部属性间状态关系集，在非常规突发洪水应急管理活动知识元内部属性之间，活动主体集、活动客体集、活动约束集及活动结果集之间存在输入与输出的关系，用函数表达为：

$$f(A_y^{zt}, \ A_y^{kt}, \ A_y^{ys}, \ A_y^{jg}) = 0 \tag{3.17}$$

R_y 的共性知识结构规范表达式为：

$$K_{ry} = (p_{ry}, \ A_{ry}^{I}, \ A_{ry}^{O}, \ f_{ry}), \ \forall ry \in R_y \tag{3.18}$$

在式（3.17）和式（3.18）中，K_{ry} 表示非常规突发洪水应急管理活动知识元的属性间关系知识元，p_{ry} 表示非常规突发洪水应急管理活动基本单元 ry 的映射属性描述，A_{ry}^{I} 表示关系的输入属性，A_y^{zt}，A_y^{kt}，$A_y^{ys} \in A_{ry}^{I}$，A_{ry}^{O} 表示关系的输出属性，$A_y^{jg} \in A_{ry}^{O}$，f_{ry} 表示具体的函数关系，有 $A_{ry}^{O} = f_{ry}(A_{ry}^{I})$。

4. 应急管理活动知识元之间的关系

根据非常规突发洪水应急管理体系的层次结构，非常规突发洪水应急管理活动知识元之间同样存在层级继承关系，同时，随着非常规突发洪水应急情景的变化，不同的非常规突发洪水应急管理活动知识元按照一定顺序展开，因此，非常规突发洪水应急管理活动知识元之间的关系可以从继承顺序及执行顺序两个角度分析。

根据《国家防汛抗旱应急预案》，中国防汛抗旱工作实行各级地方政府行政首长负责制，分级、分部门负责，从分级角度分析非常规突发洪水应急管理活动知识元之间的关系，非常规突发洪水应急管理活动知识元之间存在树状层级关系，每一层的子节点与父节点之间构成了继承关系，子节点应急管理活动知识元继承了父节点应急管理活动知识元的所有相关属性，同时，加入自身的特有属性。以信息上报知识元为例，省级防汛信息上报知识元与流域防汛办信息上报知识元之间构成继承关系，省级防汛办信息上报知识元中包括流域防汛办信息上报知识元中的所有属性，同时，与流域防汛办信息上报知识元相比，增加了本省相关特有属性。

从执行顺序的角度分析非常规突发洪水应急管理活动知识元之间的关系，参考流程基本模式的定义，界定非常规突发洪水应急管理活动知识元之间的 7 种基本关系，并使用 BPMN 语言图形化描述关系。

（1）顺序关系。

应急管理活动序列中存在两个应急管理活动知识元 A 和应急管理活动知识元 B，应急管理活动知识元 B 在应急管理活动知识元 A 之后执行，那么，应急管理活动知识元 A 与应急管理活动知识元 B 之间是顺序关系，应急管理活动知识元顺序关系，如图 3.7 所示。

图 3.7　应急管理活动知识元顺序关系

资料来源：笔者绘制。

在应急管理活动知识元中，顺序关系是最普通的关系之一。例如，信息收集、信息整理、信息上报等，信息收集应急管理活动发生后，会发生信息整理应急管理活动，再发生信息上报应急管理活动。

（2）并行汇聚关系。

在应急管理活动流程中，存在应急管理活动知识元 A 和应急管理活动知识元 B 同步执行（或两个以上应急管理活动），两个应急管理活动知识元都完成后，执行应急管理活动知识元 C，应急管理活动知识元并行汇聚关系，如图 3.8 所示，则称应急管理活动知识元 A 和应急管理活动知识元 B 是并行汇聚关系，其中，应急管理活动知识元 A 和应急管理活动知识元 C 构成顺序关系，应急管理活动知识元 B 和应急管理活动知识元 C 也构成顺序关系。

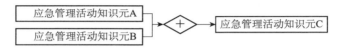

图 3.8　应急管理活动知识元并行汇聚关系
资料来源：笔者绘制。

（3）并行分支关系。

在应急管理活动流程中，应急管理活动知识元 A 执行之后，同步执行应急管理活动知识元 B 和应急管理活动知识元 C（也可为两个以上应急管理活动），应急管理活动知识元并行分支关系，如图 3.9 所示，应急管理活动知识元 A 与应急管理活动知识元 B 之间的关系、应急管理活动知识元 A 与应急管理活动知识元 C 之间的关系称为顺序关系，应急管理活动知识元 B 与应急管理活动知识元 C 之间的关系被称为并行分支关系。

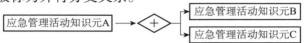

图 3.9　应急管理活动知识元并行分支关系
资料来源：笔者绘制。

（4）同或汇聚关系。

在应急管理活动流程中，应急管理活动知识元 A、应急管理活动知识元 B、应急管理活动知识元 C（两个及两个以上应急管理活动均可），只要其中一个或多个应急管理活动知识元执行之后，即可执行应急管理活动知识元 D，应急管理活动知识元同或汇聚关系，如图 3.10 所示，三个应急管理活动知识元 A、B、C 之间为同或汇聚关系。

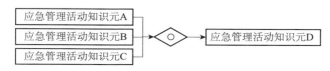

图 3.10　应急管理活动知识元同或汇聚关系
资料来源：笔者绘制。

（5）同或分支关系。

在应急管理活动流程中，应急管理活动知识元 A 执行之后，在一定条件约束下，应急管理活动知识元 B、C、D（两个及两个以上皆可）中的一个或多个被执行，应急管理活动知识元同或分支关系，如图 3.11 所示，则三个应急管理活动知识元 B、C、D 之间为同或分支关系。

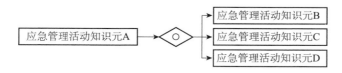

图 3.11　应急管理活动知识元同或分支关系
资料来源：笔者绘制。

（6）异或汇聚关系。

在应急管理活动流程中，应急管理活动知识元 A 与 B 根据管理需要，同一时间或同一阶段只能执行其中一个，或应急管理活动知识元 A 被执行，或应急管理活动知识元 B 被执行，两个应急管理活动知识元之间存在互斥性，应急管理活动知识元 A 或应急管理活动知识元 B 执行之后，方可执行下一个应急管理活动知识元 C，应急管理活动知识元 A 与应急管理活动知识元 C、应急管理活动知识元 B 与应急管理活动知识元 C 之间称为顺序关系，则称应急管理活动知识元 A 与应急管理活动知识元 B 之间为异或汇聚关系。应急管理活动知识元异或汇聚关系，如图 3.12 所示。

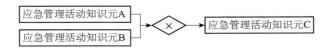

图 3.12　应急管理活动知识元异或汇聚关系

资料来源：笔者绘制。

（7）异或分支关系。

在应急管理活动流程中，在执行前一应急管理活动知识元 A 之后，根据管理需要，应急管理活动知识元 B 和应急管理活动知识元 C 只能执行一个，或执行应急管理活动知识元 B，或执行应急管理活动知识元 C，应急管理活动知识元 A 与应急管理活动知识元 B、应急管理活动知识元 A 与应急管理活动知识元 C 之间称为顺序关系，则称应急管理活动知识元 B 与应急管理活动知识元 C 之间为异或分支关系。应急管理活动知识元异或分支关系，如图 3.13 所示。

图 3.13　应急管理活动知识元异或分支关系

资料来源：笔者绘制。

3.6.3　应急管理活动知识元的实例化与实体化

通过对应急管理活动知识元进行实例化，得到具体应急管理活动的知识元模型，以水文监测为例，构建 K_y（水文监测）知识元模型并以王家坝水文站为例进行实例化，水文监测应急管理活动知识元实例，如表 3.6 所示。

表 3.6　　　　　　　水文监测应急管理活动知识元实例

属性名称	属性约束 K_{ca}			属性状态值 Z_{ea}^T
	p_{ca}	d_{ca}	f_{ca}	
活动编号	可描述			20150710001
活动名称	可描述			水文监测
活动主体	可描述			监测站
活动客体	可描述			河流
活动操作	可描述			水位监测、流量监测
活动结果	可描述			监测结果
活动约束	可描述			监测规范、监测标准
活动时间	可描述			2015 年 7 月 10 日
活动地点	可描述			王家坝水文站
活动状态	可描述			正在执行

资料来源：笔者根据安徽省阜阳市水利局网站相关资料整理而得。

3.7　本章小结

通过对非常规突发洪水事件系统的结构分析，确定了非常规突发洪水事件演化过程中的四个要素：突发事件、承灾载体、环境单元、应急管理活动。为规范要素的知识结构，明确要素的表达方式，进一步探索要素之间的关系对非常规突发洪水事件系统演化的影响，在知识层，基于知识元理论，通过扩展共性知识元模型，构建非常规突发洪水事件系统要素的相应知识元模型，通过对要素知识元模型进行实例化，得到具体要素的知识元模型，在具体情景中对具体知识元模型进行实体化，从而得到各要素的基本单元，为后续研究非常规突发洪水事件演化提供知识基础。

第4章

第4章

基于超网络的非常规突发洪水事件关联度研究

本章通过对非常规突发洪水事件连锁反应过程进行分析，结合环境单元及承载载体对突发事件连锁反应的影响，提出非常规突发洪水事件关联度模型。在知识元层面，根据知识元属性之间的关系，构建突发事件知识元网络、承灾载体知识元网络、环境单元知识元网络，进而构建非常规突发洪水事件系统超网络。构建突发事件面向的承灾载体及环境单元组成的超边，利用超边相似性计算方法，提出非常规突发洪水事件关联度算法，计算非常规突发洪水事件关联度，并通过实例进行验证。

4.1 非常规突发洪水事件系统连锁反应分析

突发事件的连锁反应是与灾害链对应的，灾害链是指，因某一种致灾因子或生态环境变化，导致一种灾害引发另一种灾害，造成一系列灾害相继发生的现象，可以看出，相继反应与连锁反应的内涵基本一致。因此，根据灾害链的定义可以界定突发事件的连锁反应为在一定情境中，一件突发事件引发另一件突发事件或多件突发事件的发生，造成一系列突发事件相继发生的现象。

4.1.1　非常规突发洪水事件连锁反应机理

非常规突发洪水事件连锁反应，表现为突发事件系统在环境单元作用影响下，其内部结构关系变化、内部状态响应和对外破坏作用产生三方面的复杂运动规律。非常规突发洪水事件客观存在形态特征，可以分为事件初始状态和事件演化状态。当外部环境作用之后，事件初始状态将发生改变，即事件的状态响应；事件的状态响应，必然会对其所处情境发生作用并形成破坏，即事件的对外行为或者破坏作用。因此，非常规突发洪水事件连锁反应行为特征可概括为，在外部环境作用下，事件发生的链式响应过程和事件对承灾载体的作用行为过程。

把突发事件系统看作由若干相互关联的子系统组成的集合，从知识元的角度分析，突发事件系统是由若干个相互关联的系统要素知识元集合组成的。突发事件系统可表示为 n 个相互关联的子系统 $s(1)$，$s(2)$，…，$s(n)$ 构成的整体，记为：

$$S(n) = \{s(i) \mid i = 1, 2, \cdots, n; n \geqslant 2\} \tag{4.1}$$

非常规突发洪水事件系统子结构主要包括，事件情境 Q_n（承灾载体 C_i、环境单元 H_j）、事件 E_m、情境存在状态 S_{in}、情境响应状态 $S_c(t)$、内部作用关系 $R_h(t)$、$R_c(t)$、对外行为（或破坏作用）$R_e(t+1)$，非常规突发洪水事件子系统概念结构，如图 4.1 所示。

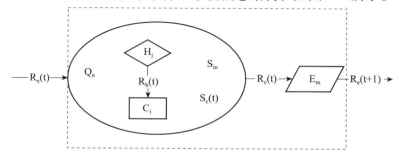

图 4.1　非常规突发洪水事件子系统概念结构
资料来源：笔者绘制。

在非常规突发洪水事件系统子部分概念结构中的各要素及其关系为以下三点。

1. 情境 Q_n

情境 Q_n 中包括承灾载体和环境单元，情境 Q_n 中承灾载体及环境单元的状态变量集合为情境的存在状态 S_{in}，则：

$$S_{in} = \{s_1, s_2, \cdots, s_i, \cdots, s_n\} \tag{4.2}$$

$$s_i \in A_i = \{a_1^i, a_2^i, \cdots, a_r^i\} \tag{4.3}$$

S_i 为当前情境内的承灾载体及环境单元，$s_i = (c_i, h_j)$，情境内承灾载体 c_i 受环境单元 h_j 影响，A_i 代表情境内每个承灾载体及环境单元的状态参数空间。

t 时刻非常规突发洪水事件系统存在状态 S_{in}，部分状态变量发生变化，发生变化的状态变量集合为状态变量 $S_z(t)$，也称为事件系统的响应状态。

$$S_z(t) = \{s_1, s_2, \cdots, s_m\}(m \in n) \tag{4.4}$$

在式（4.4）中，$S_z(t)$ 是系统存在状态 S_{in} 和系统各子部分对外行为 $R_e(t-1)$ 的函数，即：

$$S_z(t) = f(R_e(t-1), S_{in}) \tag{4.5}$$

2. 事件触发条件 EC

事件触发条件是指，突发事件发生时情境内各要素必须达到的状态临界值：

$$EC = f(A_i) \quad (i \in n) \tag{4.6}$$

3. 事件连锁反应的发生

在当前情境内，突发事件 E_m 发生的充分条件是，承灾载体和环境单元的状态发生变化，并达到一定触发条件：

$$\{\forall s_i \mid s_i \in S_z(t)\} \wedge \{\forall a_j^i \mid a_j^i \in A_i \wedge EC\} \tag{4.7}$$

$R_c(t)$ 表达情境 Q_n 与事件 E_m 之间的关系，事件 E_m 是情境 Q_n 和关系 $R_c(t)$ 的函数：

$$E_m = f(Q_n, R_c(t)) \qquad (4.8)$$

事件 E_m 发生后，事件后果作用于新的承灾载体及环境单元，通过关系 $R_e(t+1)$ 作用于新的情境中，继而引发下一轮事件发生。

4.1.2 非常规突发洪水事件连锁反应链与网络

根据连锁事件发生机理，将非常规突发洪水事件系统内各子部分链接起来非常规突发洪水事件连锁反应链，如图 4.2 所示，形成连锁反应网络，事件系统各子部分为事件链或网络节点，事件与情境的作用关系为各子部分之间的连接边。

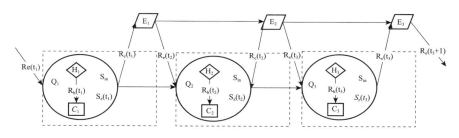

图 4.2　非常规突发洪水事件连锁反应链

资料来源：笔者绘制。

从图 4.2 中可以看出，情境 Q_n 与突发事件 E_m 相对应，情境为每个突发事件的发生提供孕灾环境和触发条件，情境内的承灾载体 C_i 受前一事件的影响 $R_e(t-1)$ 和环境单元的内部作用 $R_h(t)$，情境存在状态 S_{in} 和情境响应状态 $S_c(t)$ 发生变化，产生对外行为（或破坏作用）$R_e(t)$，达到事件发生所需要的触发条件，进而次生事件发生，前后事件之间的连锁关系形成。非常规突发洪水事件系统子结构主要包括，事件情境 Q_n（承灾载体 C_i 和环境单元 H_j）、事件 E_m、

内部作用关系 $R_h(t)$、$R_c(t)$，构成了非常规突发洪水事件系统子结构的概念结构。

非常规突发洪水事件受到事发环境及承灾载体的影响，不断向前演化发展，原生事件、次生事件和衍生事件之间的关联关系，主要依托在承灾载体之上。在同一种情境下，情境内的承灾载体状态变化，引发紧密相关的次生事件，孕灾环境系统和事件系统内各个要素之间存在复杂关系，正是这种关联引发非常规突发洪水灾害事件链和灾害链，推动非常规突发洪水事件发生发展及消退，非常规突发洪水事件之间的关联网络由此建立。

4.2　非常规突发洪水事件系统超网络模型构建

非常规突发洪水事件系统包括，事件子系统、承灾载体子系统、环境单元子系统和应急管理活动子系统，各个子系统内部要素之间存在复杂关系，同时，各个子系统之间也存在复杂的关联关系。非常规突发洪水事件系统可以看作网络之上的网络，也称为超网络，非常规突发洪水事件系统可以看作一个复杂网络，该网络中存在事件子系统、承灾载体子系统、环境单元子系统和应急管理子系统等各个子网络，各个子网络之间存在复杂关系。

4.2.1　非常规突发洪水事件系统的超网络特征

超网络可以看作一类特殊的复杂网络，指网络之上的网络。超网络的拓扑结构，即为超图。从一般意义上来说，可以用超图描述的网络，就是超网络。根据 Berge 对超图的基本定义如下。

设 $V = \{v_1, v_2, \cdots, v_n\}$ 是一个有限集。关于 V 上的超图 H = (V, E) 是 V 上一个有限子集簇，其中，$E = \{e_1, e_2, \cdots, e_m\}$ 且满

足 $e_j \neq \varnothing (j=1, 2, \cdots, m)$ 和 $\bigcup\limits_{j=1}^{m} e_j = V$。在超图 H 中，V 的元素 v_1，v_2，$\cdots$，v_n 称为顶点，集合 e_1，e_2，$\cdots$，e_m 称为超边。

　　从系统论角度来看，非常规突发洪水系统作为一个复杂系统，系统中存在事件子系统、承灾载体子系统、环境单元子系统和应急管理活动子系统等四个子系统，用网络表示非常规突发洪水系统与四个子系统，形成事件子网络、承灾载体子网络、环境单元子网络和应急管理活动子网络。非常规突发洪水系统超网络结构，如图4.3 所示。

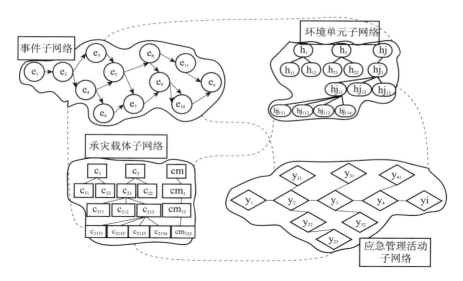

图 4.3　非常规突发洪水系统超网络结构
资料来源：笔者绘制。

非常规突发洪水事件系统有三个超网络特征。

1. 多层级特征

　　非常规突发洪水事件系统超网络中承灾载体子网络和环境单元子网络属于典型的树状结构，具有明确的层级关系，层与层之间具有父与子的继承关系。

2. 多维流量

各子网络之间不断传递物质流、信息流、资金流等。承灾载体子网络内部通过传递物质与能量，导致衍生突发事件与次生突发事件，应急管理活动子网络内部通过传递信息、物质、资金等，推动应急管理活动的顺利进行。

3. 网络优化协调性

非常规突发洪水系统在演化过程中，需要协调全局优化和局部优化。

4.2.2　非常规突发洪水事件系统知识元子网络构建

1. 非常规突发洪水事件知识元子网络

在非常规突发洪水事件知识元模型基础上，通过实例化，得出非常规突发洪水系统中各事件知识元，事件知识元之间的关系包括蔓延、转化、衍生、耦合等。本书不考虑方向，以事件知识元之间的联系为边，以事件知识元为顶点，构建非常规突发洪水灾害事件知识元子网络：

$$G_S = (S, E_{S-S}) \tag{4.9}$$

在式（4.9）中，$S = \{s_1, s_2, \cdots, s_n\}$ 为事件知识元集合，$E_{S-S} = \{(s_1, s_2), \cdots, (s_a, s_b)\}$，$a, b \in n$，$E_{S-S}$ 为边的集合，(s_a, s_b) 表示 s_a、s_b 两个事件知识元之间的关系。

2. 承灾载体知识元子网络

非常规突发洪水承灾载体包括人、自然系统、经济系统、基础设施及水利水电工程等。非常规突发洪水承灾载体知识元子网络呈明显的树状结构，树状结构的上下层知识元之间存在继承关系。

以承灾载体知识元为节点，以承灾载体知识元之间的层次关系为边，构建承灾载体知识元子网络：

$$G_c = (C, E_{c-c}) \tag{4.10}$$

在式（4.10）中，$C = \{c_1, c_2, \cdots, c_m\}$ 表示承灾载体知识元的集合，$E_{c-c} = \{(c_1, c_2), \cdots, (c_c, c_d)\}$，$c, d \in m$，$E_{c-c}$ 表示边的集合，(c_c, c_d) 表示 c_c 和 c_d 之间存在边，说明承灾载体知识元 c_c 和 c_d 之间的层次关系。

3. 环境单元知识元子网络

洪水系统中的环境单元主要包括地理、气候等，同样呈现明显的树状结构，环境单元知识元网络构建模式与承灾载体知识元网络构建模式类似。承灾载体知识元网络和环境单元知识元网络共同构成了突发事件的作用对象——客观事物知识元网络。

4. 非常规突发洪水事件知识元子网络与客观事物知识元子网络之间关系的描述

在非常规突发洪水事件系统内，突发事件与客观事物之间是作用与被作用的关系，用公示表达为：

$$E = f(C, M) \tag{4.11}$$

在式（4.11）中，E 表示非常规突发洪水事件，C 表示承灾载体，M 表示环境单元，f 表示灾害施加过程。

由此得到网络之间突发事件知识元与环境单元知识元、承灾载体知识元之间的映射，映射关系表明，突发事件知识元在何种环境单元下可能作用于哪些承灾载体知识元。

$$P(e_i) = \{(c_j, m_k) \mid c_j \in C, m_k \in M, f(e_i, (c_j, m_k)) = 1\} \tag{4.12}$$

在式（4.12）中，$P(e_i)$ 表示灾害事件知识元 e_i 可能施加作用的承灾载体及环境单元知识元集合；$f(e_i, (c_j, m_k)) = 1$ 表示灾害事件知识元 e_i 在环境单元知识元 m_k 下，能够对承灾载体知识元 c_j

产生灾害作用。

4.2.3　非常规突发洪水事件系统知识元超网络构建

用节点分别表示事件知识元、环境单元知识元、承灾载体知识元，用边表示事件知识元与环境单元知识元、承灾载体知识元之间的作用关系，超图中的超边可以包含任意多节点关系，以此表示三维关系或更多维的关系。因此，利用超图模型构建非常规突发洪水事件与客观事物超网络，进而利用超边的性质研究非常规突发洪水事件与客观事物超网络。

根据超图定义，将承灾载体知识元和环境单元知识元作为网络顶点，利用映射关系 $f(e_i, (c_j, m_k)) = 1$，将每个突发事件知识元作用的对象集合作为一个超边，超边的标注名称为事件名称，构建了基于超图结构的超网络模型：

$$HE = \{he_1, he_2, \cdots, he_m\} \tag{4.13}$$

在式（4.13）中，he_i 突发事件名称 = {（承灾载体知识元1，承灾载体知识元2，…，承灾载体知识元n），（环境单元知识元1，环境单元知识元2，…，环境单元知识元m）}。

例如，he_1 台风 = {[城市（特大城市、大城市、中型城市、小型城市），房屋，人口（个人、团体），农作物，林业，输电线路]，（风速，风浪）}。

he_2 流域降雨 = {[城市（特大城市、大城市、中型城市、小型城市），人口（个人、团体），农作物，水产养殖，水库，河道]，（风速，气温，水温，日蒸发量，地下水情，水系分布）}。

每个突发事件知识元作用于不同的承灾载体知识元及环境单元知识元，同时，每个承灾载体知识元也被不同突发事件知识元施加作用。非常规突发洪水事件知识元网络与客观事物知识元网络之间关系，如图4.4所示。

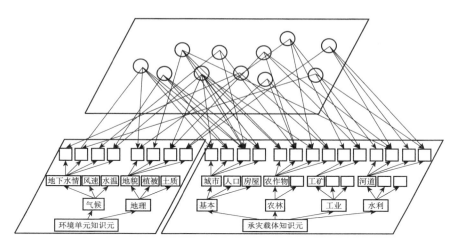

图 4.4　非常规突发洪水事件知识元网络与客观事物知识元网络之间关系
资料来源：笔者根据各级水旱灾害应急预案的相关内容整理绘制而得。

4.3　基于超边相似性的非常规突发
洪水事件关联度计算

非常规突发洪水事件中各事件之间的关联关系，依托在承灾载体知识元和环境单元知识元之上。如果两件突发事件在相同的环境下作用于相同的承灾载体，那么，这两件突发事件必然有关联关系。根据上述构建的超网络模型，突发事件作为超边，超边所包含的正是突发事件所对应的承灾载体知识元和环境单元知识元，因此，利用超边的相似性计算承灾载体匹配度和环境单元匹配度。

4.3.1　超边相似性计算模型

超边 HE_t 所包含的对象集 PE_t 中的对象 PE_t^i，即超边中的顶点，以 v_t^i 表示，PE_t^i 具有特征属性集 $AV_t^i = \alpha(v_t^i) = (a_t^{i1}, a_t^{i2}, \cdots, a_t^{ip})$；超边 HE_s 所包含的对象集 PE_s 中的对象 PE_s^j，即超边中的顶点，以 v_s^j

表示，具有特征属性集 $AV_s^j = \alpha(v_s^j) = (a_s^{j1}, a_s^{j2}, \cdots, a_s^{jq})$，如果 PE_t^i 和 PE_s^j 的属性相似度高于一定阈值，两者足够相似（高于相似度阈值），则称 PE_t^i 和 PE_s^j 两个属性是可比的。通过比较两个超边所含对象集 PE_t 和对象集 PE_s 中全部对象的属性相似度，可得到两个超边的可比关系。

根据超边可比关系，运用集合运算模型中集合的交集和并集的比值，构建基于公共顶点相似度的超边相似性计算模型，计算两个超边的相似度。超边所含对象集相似度计算公式为：

$$DS(A, B) = \frac{Card(A \cap B)}{Card(A \cup B)} \tag{4.14}$$

在式（4.14）中，$Card(\Delta)$ 表示集合 Δ 的元素个数，$\cap$ 和 $\cup$ 表示集合中元素的交集和并集。两个对象集所含公共元素越多，则 $Card(A \cap B)$ 越大，表明两个对象集相似程度越高。在计算超边相似性时，通过计算两个超边所含公共顶点和所有顶点，对超边所含对象集进行可比分析，将顶点集 V_t 和顶点集 V_s 中的顶点划分为可比顶点 CV 和不可比顶点 IV：

$$\begin{cases} V_t = \{CV_t, IV_t\} \\ V_s = \{CV_s, IV_s\} \end{cases} \tag{4.15}$$

将可比顶点 CV_t 和可比顶点 CV_s 视为顶点集合 V_t 和顶点集合 V_s 的公共部分，则 HE_t 和 HE_s 两个超边的相似度为：

$$\begin{aligned} DSCV(HE_t, HE_s) &= \frac{Card(CV_t)}{Card(V_t) + Card(V_s) - Card(CV_t)} \\ &= \frac{Card(CV_s)}{Card(V_t) + Card(V_s) - Card(CV_s)} \end{aligned} \tag{4.16}$$

4.3.2　基于超边相似性的事件关联度计算

非常规突发洪水事件作为超边所对应的承灾载体知识元及环境

单元知识元，均呈现特殊的树状层次结构，在承灾载体知识元树状网络及环境单元知识元树状网络中，各承灾载体知识元及环境单元知识元分类明确，不存在一个子知识元属于两个父节点的情况。因此，承灾载体知识元及环境单元知识元网络中树叶节点具有唯一性，树状层级结构具备确定性。同时，承灾载体或者环境单元已被分解到知识元级别，树叶的可比关系基本为1，即树叶与树叶之间可直接进行等量比较，两个超边所对应的公共顶点数量可直接通过计算相同顶点数量得到。

在不考虑人类应急管理活动的前提下，类似的承灾载体、环境单元会使两个具有关联关系的事件持续发生，因此，事件关联度计算公式如下：

$$\rho_{i,j} = \sigma\rho_c + (1-\sigma)\rho_m \qquad (4.17)$$

$$\rho_c = \frac{\mathrm{Card}(CV_{ci})}{\mathrm{Card}(V_{ci}) + \mathrm{Card}(V_{cj}) - \mathrm{Card}(CV_{ci})} \qquad (4.18)$$

$$\rho_m = \frac{\mathrm{Card}(CV_{mi})}{\mathrm{Card}(V_{mi}) + \mathrm{Card}(V_{mj}) - \mathrm{Card}(CV_{mi})} \qquad (4.19)$$

在式（4.17）～式（4.19）中，$\rho_{i,j}$ 表示事件 i，j 之间的关联度，ρ_c 表示事件 i，j 对应的承灾载体相似度，ρ_m 表示事件 i，j 对应的环境单元相似度，σ 为权重，$0 \leqslant \sigma \leqslant 1$。Card（$CV_{ci}$）为事件 i，j 超边所对应的承灾载体知识元集合的公共顶点数量，Card（V_{ci}）为事件 i 超边对应的承灾载体知识元集合中的元素数量，Card（V_{cj}）为事件 j 超边对应的承灾载体知识元集合中的元素数量，Card（CV_{mi}）为事件 i，j 超边所对应的环境单元知识元集合的公共顶点数量，Card（V_{mi}）为事件 i 超边对应的环境单元知识元集合中的元素数量，Card（V_{mj}）为事件 j 超边对应的环境单元知识元集合中的元素数量。

4.4　实例验证

　　沂沭河流域属于雨源型河流，汛期暴雨是造成该地区洪水灾害的主要原因。本地区河流大多发源于泰沂山脉南区，河流上游地形陡、坡度大，径流系数大，汇流速度快，时间短，遇暴雨洪水汹涌而下，到下游坡度平缓的平原地区，河道宣泄不及，常常造成漫溢或决口。

　　以2012年沂沭河流域特大洪水过程为例，受西风槽和西南暖湿气流共同影响，沂沭河流域出现两次强降雨过程，沂沭河流域面平均雨量达到166.1mm，造成沂河出现1993年以来最大洪水，沂河临沂站7月10日13时出现年最大洪峰流量8 050立方米/秒，列有资料以来第7位；沭河出现1991年以来最大洪水，沭河大官庄站10月17日出现年最大洪峰流量2 860立方米/秒，列有资料以来第4位。本次洪水造成严重的自然灾害，沂沭河流域中临沂市受灾严重，全市12个县区、101个乡镇受灾，受灾人口160.3万人，受灾面积12.71万平方千米，农作物绝收面积1.77平方千米，倒塌房屋2 380间。①

　　1. 超边构建

　　在非常规突发洪水事件关联度计算过程中，合理地构建非常规突发洪水基元事件所对应的超边非常关键。为规范、完整地表达基元事件、承灾载体、环境单元等要素，本书根据《水旱灾害统计报表制度》《基础地理信息要素分类与代码》（GB－T 13923—2006）和《实时雨水情数据库表结构与标识符》（SL 323—2011）等国家现行实施标准，建立承灾载体和环境单元的规范表达体系；通过对相关应急预案进行文本分析和切词处理，结合洪水演化实际，提取

　　① 资料来源：水利部淮河水利委员会. 2012年沂沭河暴雨洪水［M］. 北京：中国水利水电出版社，2014.

应急预案中包含的非常规突发洪水基元事件进行统一描述，与承灾载体及环境单元相结合，建立严谨、完善的对应超边关系。

以淮河防汛抗旱总指挥部防汛抗旱应急预案为例，预案中预防预警信息的工程信息内容为，防汛抗旱办公室应会同相关职能部门做好工程信息的收集工作。当河道出现警戒水位以上洪水或水库超过汛限水位时，要加强收集堤防、涵闸、泵站、水库等的工情信息。当防洪工程出现险情或遭遇超标准洪水而可能决口时，防洪工程管理负责单位必须迅速协助地方组织抢险，并在第一时间向潜在被淹没区域发出相应预警。领导小组应及时向国家防汛抗旱总指挥部办公室报告工程出险情况和抢险工作。[①] 从该部分文本中提取出有关洪水灾害的基元事件：河道水位上涨、防洪工程决口、淹没等，河道水位上涨相关的承灾载体包括：堤防、涵闸、泵站、水库等，结合《水旱灾害统计报表制度》和《基础地理信息要素分类与代码》对承灾载体进一步细分，得出河道水位上涨所对应的树状承灾载体结构图，从而建立河道水位上涨事件对应的承灾载体树状网络所构成的超边，以此类推建立其余基元事件对应的超边。

（1）河道水位上涨超边构建。

e1 = "河道水位上涨"

HEe1 = ｛河流、堤防工程、水库工程、水利水电工程、河道、河道堤防、护岸、水库、水闸、灌溉设施、水文测站；气候、地理、风速、日蒸发量、地下水情、水系分布｝

河道水位上涨事件对应超边所包含的元素，如图 4.5 所示。

根据图 4.5 得出河道水位上涨事件所对应的超边：

HEe1 = ｛S1，S2，S3，S4，S5，S6，S7，S8，S9，S10，S11，

---

① 资料来源：《淮河防御洪水方案》，https：//www. gov. cn/zhengce/content/2008 – 03/28/content_2967. htm。

S12，S13，S14，S15，S16，S17，S18}

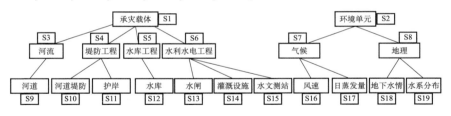

图 4.5　河道水位上涨事件对应超边所包含的元素

资料来源：笔者根据《水旱灾害统计报表制度》和《基础地理信息要素分类与代码》整理绘制而得。

（2）流域降雨超边构建。

e2 = "流域降雨"

HEe2 = {河流、城市、人口、水库工程、农作物、水产养殖、河道、水库；气候、地理、风速、气温、水温、日蒸发量、地下水情、水系分布}，流域降水事件对应超边所包含的元素，如图 4.6 所示。

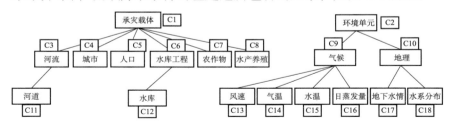

图 4.6　流域降水事件对应超边所包含的元素

资料来源：笔者根据《水旱灾害统计报表制度》和《基础地理信息要素分类与代码》整理绘制而得。

根据图 4.6 得出流域降雨事件所对应的超边：

HEe2 = { C1，C2，C3，C4，C5，C6，C7，C8，C9，C10，C11，C12，C13，C14，C15，C16，C17，C18}

（3）非常规突发洪水事件对应超边构建。

根据非常规突发洪水事件所对应的承灾载体及环境单元，建立各基元事件所对应的超边，非常规突发洪水事件对应超边集，如表 4.1 所示。

表 4.1　非常规突发洪水事件对应超边集

变量	城市房屋	人口	农作物	性畜养殖	水产养殖	林业	工矿企业	铁路	公路	输电线路	通信线路	水库大坝	河道堤防	水闸护岸	塘坝	灌溉设施	机电井	水文测站	机电泵站	风速	气温	水温	日蒸发量	风浪情	地下水	水系分布	高原	山地平原	丘陵	裂谷系盆地	耕地	园林地	天然草地	盐碱地	小草土丘地	石砾地
流域降雨	1	1	1																		1	1	1		1	1										
水土流失					1				1															1		1		1	1						1	
河道水位上涨													1	1						1								1	1							
形成洪峰												1	1	1		1		1			1		1		1	1		1								
行洪												1	1				1	1							1	1										
洪峰流过												1	1					1	1	1	1	1		1	1	1										
河道水位降低												1	1	1					1	1	1	1	1	1	1	1										
漫溢堤坝												1	1						1	1	1	1		1	1	1										
堤防决口													1						1	1	1	1		1	1	1										
堰塞湖													1		1												1									
水闸倒塌														1													1									
水库水位上升												1						1	1	1	1	1	1	1												
溃坝												1			1			1	1		1	1	1	1												
水库水位下降												1							1	1	1	1	1								1	1	1			
蓄洪	1	1	1	1	1	1	1	1	1	1	1				1																1	1	1			

续表

变量	城市房屋	人口	农作物	牲畜	水产养殖	林业	工矿企业	铁路	公路	输电线路	通信线路	水库大坝	河道堤防	护岸	水闸	塘坝	灌溉设施	机电井	水文测站	机电泵站	水电站	风速	气温	水温	日蒸发量	风浪	地下水情	水系分布	高原	山地	平原	丘陵	裂谷系	盆地	耕地	园地	天然草地	盐碱地	小草丘地	石砾土地
山洪	1	1	1	1		1	1	1	1	1	1		1	1	1							1	1							1										
泥石流	1	1	1	1		1	1	1	1	1	1		1	1	1							1								1		1	1	1					1	1
房屋倒塌	1	1						1	1	1	1		1		1															1		1	1	1			1			
生物病			1	1	1																		1														1			
虫害			1	1		1																																		
土地淹没	1	1	1	1		1	1									1	1	1						1	1		1	1		1	1				1	1	1			
水质变化	1																							1	1		1	1						1	1	1	1			
村庄进水	1	1	1	1		1		1	1	1	1		1			1	1	1				1	1	1	1	1						1			1	1	1			
城市积水	1	1					1	1	1													1	1	1	1	1						1		1	1	1	1			
企业停产	1	1					1				1															1								1	1	1	1			
洪水灌井				1														1						1	1	1					1	1		1	1					
人员被困		1																				1	1	1	1	1														
道路损毁								1	1																															
停电	1									1																														
通信中断	1										1																													

资料来源：笔者根据《国家防汛抗旱应急预案》整理而得，https://www.gov.cn/zhengce/content/2022－07/06/content_5699501.htm。

2. 超边相似性计算

根据上述公式，计算非常规突发洪水事件之间的超边相似性，以流域降雨、河道水位上涨两个事件为例：

Card(CV_{ci})（流域降雨、河道水位上涨）= Card（水库、河道）= 2。

Card(V_{ci})（流域降雨）= Card（城市、人口、农作物、水产养殖、河道、水库）= 6。

Card(V_{cj})（河道水位上涨）= Card（河道、河道堤防、护岸、水库、水闸、灌溉设施、水文测站）= 7。

$$\rho_c = \frac{Card(CV_{ci})}{Card(V_{ci}) + Card(V_{cj}) - Card(CV_{ci})} = 2/11$$

Card(CV_{mi})（流域降雨、河道水位上涨）= Card（风速、日蒸发量、地下水情、水系分布）= 4。

Card(V_{mi})（流域降雨）= Card（风速、气温、水温、日蒸发量、地下水情、水系分布）= 6。

Card(V_{mj})（河道水位上涨）= Card（风速、日蒸发量、地下水情、水系分布）= 4。

$$\rho_m = \frac{Card(CV_{mi})}{Card(V_{mi}) + Card(V_{mj}) - Card(CV_{mi})} = 2/3$$

两个事件构成的超边对应的承灾载体集合和环境单元集合，流域降雨与河道水位上涨对应的元素集，如表4.2所示。

表 4.2　　　　　　　流域降雨与河道水位上涨对应的元素集

流域降雨			河道水位上涨		
环境单元	气候	风速 气温 水温 日蒸发量	环境单元	气候	风速 日蒸发量
	地理	地下水情 水系分布		地理	地下水情 水系分布

续表

流域降雨				河道水位上涨		
承灾载体	城市 人口 农作物 水产养殖			承灾载体	水库工程	水库
					河流	河道
	水利设施	水库			堤防工程	河道堤防 护岸
	河流	河道			水利水电工程	水闸 灌溉设施 水文测站

资料来源：笔者根据《国家防汛抗旱应急预案》整理而得，https：//www. gov. cn/zheng ce/content/2022 – 07/06/content_5699501. htm.

3. 事件关联度计算

按照超边相似性计算方法，通过咨询专家，权重值 σ 取 0.700，可以计算两种事件的关联强度为 $\rho_{i,j} = \sigma\rho_c + (1 - \sigma)\rho_m = 0.327$。

利用社会网络分析软件 Ucinet 计算各事件超边中共同环境单元数量。事件超边中共同环境单元统计，如表 4.3 所示。

表 4.3　　　　　　　事件超边中共同环境单元统计

变量	流域降雨	水土流失	河道水位上涨	形成洪峰	行洪	洪峰流过	河道水位降低	漫溢堤坝	堤防决口	堰塞湖	水闸倒塌	水库水位上升	溃坝	水库水位下降	蓄洪	山洪	泥石流	房屋倒塌	生物病虫害	土地淹没	水质变化	村庄进水	城市积水	企业停产	洪水灌井	人员被困	道路损毁	停电	通信中断
流域降雨	6	0	4	5	6	5	4	0	0	0	0	4	0	4	2	2	0	1	1	5	3	5	4	0	3	3	0	0	0
水土流失	0	5	0	1	1	1	0	0	0	0	1	0	1	0	1	1	1	4	0	0	1	0	2	2	0	0	1	0	0
河道水位上涨	4	0	4	4	4	4	4	0	0	0	0	2	0	2	1	0	0	3	1	3	2	0	1	0	0	1	0	0	0
形成洪峰	5	1	4	6	6	5	4	0	0	0	0	2	0	2	1	0	0	4	1	2	2	0	2	0	0	1	0	0	0
行洪	6	1	4	6	7	6	4	0	0	0	0	5	0	5	2	3	0	4	1	2	2	0	2	0	0	1	0	0	0
洪峰流过	5	1	4	5	6	6	4	0	0	0	0	2	0	2	2	0	0	4	1	2	2	0	2	0	0	1	0	0	0
河道水位降低	4	0	4	4	4	4	4	0	0	0	0	2	0	2	1	0	0	3	1	3	2	0	1	0	0	1	0	0	0
漫溢堤坝	0	0	0	0	0	0	0	0	0	0	0	0	0	0	0	0	0	0	0	0	0	0	0	0	0	0	0	0	0
堤防决口	0	0	0	0	0	0	0	0	0	0	0	0	0	0	0	0	0	0	0	0	0	0	0	0	0	0	0	0	0

变量	流域降雨	水土流失	河道水位上涨	形成洪峰	行洪	洪峰流过	河道水位降低	漫溢堤坝	堤防决口	堰塞湖	水闸倒塌	水库水位上升	溃坝	水库水位下降	蓄洪	山洪	泥石流	房屋倒塌	生物病虫害	土地淹没	水质变化	村庄进水	城市积水	企业停产	洪水灌井	人员被困	道路损毁	停电	通信中断
堰塞湖	0	1	1	0	0	0	0	0	0	2	0	0	0	0	0	1	1	0	0	0	0	0	0	0	0	0	0	0	0
水闸倒塌	0	0	0	0	0	0	0	0	0	0	0	0	0	0	0	0	0	0	0	0	0	0	0	0	0	0	0	0	0
水库水位上升	4	1	2	4	5	4	2	0	0	0	0	5	0	5	0	2	0	1	1	3	3	4	4	0	3	4	0	0	0
溃坝	0	0	0	0	0	0	0	0	0	0	0	0	0	0	0	0	0	0	0	0	0	0	0	0	0	0	0	0	0
水库水位下降	4	1	2	4	5	4	2	0	0	0	0	5	0	5	0	2	0	1	1	3	3	4	4	0	3	4	0	0	0
蓄洪	2	1	2	2	2	2	2	0	0	0	0	0	0	0	6	0	1	0	3	6	0	5	2	0	0	0	0	0	0
山洪	2	1	1	2	3	2	2	0	0	0	0	0	0	0	0	0	1	2	1	2	0	2	0	0	2	2	0	0	0
泥石流	0	4	0	0	0	0	0	0	0	0	0	0	0	0	1	2	7	0	0	3	0	2	0	0	0	0	0	0	0
房屋倒塌	1	0	1	1	1	1	0	0	0	0	0	0	0	0	0	0	0	0	0	0	0	1	1	0	0	1	0	0	0
生物病虫害	1	0	0	1	1	1	0	0	0	0	0	1	0	1	3	1	0	1	5	5	5	1	4	1	0	1	1	0	0
土地淹没	5	1	3	4	5	4	2	0	0	0	0	3	0	3	6	2	2	0	5	11	3	9	6	0	2	2	0	0	0
水质变化	3	0	1	2	3	2	1	0	0	0	0	3	0	3	0	1	0	1	5	3	5	3	3	0	3	2	0	0	0
村庄进水	5	2	3	4	5	4	0	0	0	0	0	4	0	4	5	2	2	1	1	9	3	11	6	0	3	2	0	0	0
城市积水	4	2	2	4	4	4	2	0	0	0	0	4	0	4	2	2	0	1	4	6	3	6	7	0	3	2	0	0	0
企业停产	0	0	0	0	0	0	0	0	0	0	0	0	0	0	0	0	0	0	0	0	0	0	0	0	0	0	0	0	0
洪水灌井	3	0	1	2	3	2	1	0	0	0	0	3	0	3	0	1	0	1	1	2	3	3	3	0	3	2	0	0	0
人员被困	3	1	1	3	3	3	1	0	0	0	0	4	0	4	0	2	0	1	1	2	2	2	2	0	2	4	0	0	0
道路损毁	0	0	0	0	0	0	0	0	0	0	0	0	0	0	0	0	0	0	0	0	0	0	0	0	0	0	0	0	0
停电	0	0	0	0	0	0	0	0	0	0	0	0	0	0	0	0	0	0	0	0	0	0	0	0	0	0	0	0	0
通信中断	0	0	0	0	0	0	0	0	0	0	0	0	0	0	0	0	0	0	0	0	0	0	0	0	0	0	0	0	0

资料来源：笔者根据非常规突发洪水事件对应超边集数据库应用社会网络分析软件 Uci-net 计算整理而得。

事件超边中共同承灾载体统计，见表4.4。非常规突发洪水事件之间关联度，见表4.5。

表 4.4　　　　　　　　事件超边中共同承灾载体统计

变量	流域降雨	水土流失	河道水位上涨	形成洪峰	行洪	洪峰流过	河道水位降低	漫溢堤坝	堤防决口	堰塞湖	水闸倒塌	水库水位上升	溃坝	水库水位下降	蓄洪	山洪	泥石流	房屋倒塌	生物病虫害	土地淹没	水质变化	村庄进水	城市积水	企业停产	洪水灌井	人员被困	道路损毁	停电	通信中断
流域降雨	6	2	2	2	1	1	1	0	0	0	2	1	2	4	5	5	1	2	2	4	3	2	2	1	1	1	0	2	1
水土流失	2	4	3	3	2	2	2	1	1	1	0	2	1	2	1	3	3	0	0	1	0	0	1	0	0	0	0	0	0
河道水位上涨	2	3	7	7	5	5	5	2	2	2	2	4	2	4	0	4	4	0	0	1	0	1	0	0	0	0	0	0	0
形成洪峰	2	3	7	12	6	6	7	2	2	3	4	6	4	6	1	4	4	0	0	3	0	3	0	0	0	0	0	0	0
行洪	1	2	5	6	6	6	6	2	2	3	3	6	3	6	0	4	4	0	0	0	0	0	0	0	0	0	0	0	0
洪峰流过	1	2	5	6	6	6	6	2	2	3	3	6	3	6	0	4	4	0	0	0	0	0	0	0	0	0	0	0	0
河道水位降低	1	2	5	7	6	6	7	2	2	4	4	4	1	4	0	4	0	0	0	0	0	0	0	0	0	0	0	0	0
漫溢堤坝	0	1	2	2	2	2	2	2	0	1	0	1	0	1	0	0	0	0	0	0	0	0	0	0	0	0	0	0	0
堤防决口	0	1	2	2	2	2	2	2	2	1	0	1	0	1	0	0	0	0	0	0	0	0	0	0	0	0	0	0	0
堰塞湖	0	1	2	3	3	3	4	1	1	2	4	1	1	1	1	2	2	0	0	0	0	0	0	0	0	0	0	0	0
水闸倒塌	0	0	2	4	3	3	4	0	0	4	0	1	2	0	1	0	0	0	0	0	0	0	0	0	0	0	0	0	0
水库水位上升	2	2	4	6	3	3	4	1	1	1	2	6	3	6	0	0	0	0	0	0	0	0	0	0	0	0	0	0	0
溃坝	1	1	2	4	3	3	1	1	1	1	1	3	4	1	1	1	1	1	0	0	0	0	0	0	0	0	0	0	0
水库水位下降	2	2	4	6	3	3	4	1	1	1	2	6	3	6	0	0	0	0	0	0	0	0	0	0	0	0	0	0	0
蓄洪	4	1	0	1	0	0	0	0	0	1	0	0	0	0	13	12	12	4	4	8	5	7	8	3	2	2	2	5	4
山洪	5	3	4	4	4	4	4	2	2	2	2	6	2	6	12	16	16	4	3	7	5	6	6	6	3	2	2	5	4
泥石流	5	3	4	4	4	4	4	2	2	2	2	6	2	6	12	16	16	4	4	7	5	6	6	6	3	2	2	5	4
房屋倒塌	1	0	0	0	0	0	0	0	0	0	0	0	0	0	4	4	4	4	1	0	2	3	3	2	2	1	1	2	1
生物病虫害	2	0	0	0	0	0	0	0	0	0	0	0	0	0	4	3	4	1	4	3	3	4	1	0	0	1	0	0	0
土地淹没	2	1	1	3	0	0	0	0	0	0	0	0	0	0	8	7	7	0	3	10	2	6	4	0	0	0	1	2	2
水质变化	4	0	0	0	0	0	0	0	0	0	0	0	0	0	5	5	5	2	3	2	5	4	3	2	1	1	1	2	3
村庄进水	3	0	1	3	0	0	0	0	0	0	0	0	0	0	7	6	6	3	4	6	4	9	3	1	2	1	2	1	0
城市积水	2	1	0	0	0	0	0	0	0	0	0	0	0	0	8	6	6	3	1	4	3	3	8	2	1	2	5	5	3
企业停产	2	0	0	0	0	0	0	0	0	0	0	0	0	0	3	6	6	2	0	0	2	1	2	5	2	1	1	3	2
洪水灌井	1	0	0	0	0	0	0	0	0	0	0	0	0	0	2	3	3	2	0	0	1	2	1	2	5	2	1	1	1
人员被困	1	0	0	0	0	0	0	0	0	0	0	0	0	0	2	2	2	1	1	0	1	1	2	1	2	5	1	0	2
道路损毁	0	0	0	0	0	0	0	0	0	0	0	0	0	0	2	2	2	1	0	1	1	2	5	1	1	1	5	2	2
停电	0	0	0	0	0	0	0	0	0	0	0	0	0	0	5	5	5	2	0	2	2	1	5	3	1	0	2	5	3
通信中断	1	0	0	0	0	0	0	0	0	0	0	0	0	0	4	4	4	1	0	2	3	0	3	2	1	2	2	3	4

资料来源：笔者根据非常规突发洪水事件对应超边集数据库应用社会网络分析软件 Ucinet 计算整理而得。

表 4.5　非常规突发洪水事件之间关联度

变量	流域降雨	水土流失	河道水位上涨	形成洪峰	行洪	洪峰流过	河道水位降低	漫溢堤坝	堤防决口	堰塞湖	水闸倒塌	水库水位上升	溃坝	水库水位下降	蓄洪	山洪	泥石流	房屋倒塌	生物病虫害	土地淹没	水质变化	村庄进水	城市积水	企业停产	洪水灌井	人员被困	道路损毁	停电	通信中断
流域降雨	1.00																												
水土流失	0.18	1.00																											
河道水位上涨	0.33	0.26	1.00																										
形成洪峰	0.30	0.19	0.61	1.00																									
行洪	0.32	0.20	0.61	0.61	1.00																								
洪峰流过	0.28	0.21	0.64	0.65	0.96	1.00																							
河道水位降低	0.26	0.16	0.69	0.61	0.77	0.80	1.00																						
漫溢堤坝	0.00	0.14	0.20	0.12	0.23	0.23	0.20	1.00																					
堤防决口	0.00	0.14	0.20	0.12	0.23	0.23	0.20	0.70	1.00																				
堰塞湖	0.00	0.17	0.18	0.18	0.20	0.20	0.18	0.47	0.47	1.00																			
水闸倒塌	0.00	0.00	0.16	0.23	0.30	0.30	0.40	0.00	0.00	0.00	1.00																		
水库水位上升	0.31	0.21	0.40	0.40	0.45	0.40	0.40	0.10	0.10	0.09	0.18	1.00																	
溃坝	0.08	0.10	0.16	0.23	0.08	0.08	0.07	0.00	0.00	0.00	0.12	0.10	1.00																
水库水位下降	0.31	0.21	0.40	0.40	0.45	0.40	0.40	0.10	0.10	0.09	0.18	1.00	0.30	1.00															

续表

变量	流域降雨	水土流失	河道水位上涨	形成洪峰	行洪	洪峰流过	河道水位降低	漫溢堤顶	堤防决口	堰塞湖	水闸倒塌	水库水位上升	溃坝	水库水位下降	蓄洪	山洪	泥石流	房屋倒塌	生物病虫害	土地淹没	水质变化	村庄进水	城市积水	企业停产	洪水灌井	人员被困	道路损毁	停电	通信中断
蓄洪	0.25	0.07	0.08	0.09	0.05	0.06	0.08	0.00	0.00	0.05	0.00	0.00	0.00	0.04	1.00														
山洪	0.28	0.16	0.19	0.19	0.22	0.23	0.19	0.09	0.09	0.14	0.04	0.04	0.20	0.20	0.49	1.00													
泥石流	0.21	0.27	0.15	0.12	0.16	0.16	0.15	0.09	0.12	0.04	0.11	0.04	0.04	0.11	0.52	0.77	1.00												
房屋倒塌	0.13	0.00	0.08	0.05	0.04	0.05	0.08	0.00	0.00	0.00	0.00	0.06	0.06	0.06	0.22	0.25	0.18	1.00											
生物病虫害	0.21	0.00	0.00	0.00	0.03	0.03	0.03	0.00	0.00	0.00	0.00	0.03	0.03	0.03	0.33	0.21	0.18	0.10	1.00										
土地淹没	0.23	0.07	0.12	0.12	0.12	0.09	0.08	0.06	0.00	0.06	0.00	0.07	0.05	0.07	0.54	0.30	0.30	0.00	0.33	1.00									
水质变化	0.55	0.00	0.05	0.05	0.09	0.05	0.05	0.00	0.00	0.06	0.00	0.18	0.18	0.18	0.27	0.27	0.22	0.00	0.39	0.19	1.00								
村庄进水	0.30	0.04	0.12	0.21	0.09	0.08	0.08	0.06	0.00	0.06	0.00	0.10	0.10	0.10	0.45	0.30	0.28	0.24	0.41	0.53	0.36	1.00							
城市积水	0.25	0.12	0.07	0.13	0.17	0.13	0.00	0.00	0.00	0.00	0.00	0.15	0.15	0.15	0.49	0.42	0.40	0.23	0.09	0.35	0.26	0.30	1.00						
企业停产	0.20	0.00	0.00	0.00	0.00	0.00	0.00	0.00	0.00	0.00	0.00	0.00	0.00	0.00	0.16	0.16	0.13	0.13	0.28	0.00	0.00	0.06	0.26	1.00					
洪水灌井	0.25	0.05	0.05	0.09	0.13	0.13	0.05	0.05	0.00	0.00	0.00	0.18	0.18	0.18	0.11	0.21	0.09	0.09	0.45	0.04	0.27	0.15	0.25	0.47	1.00				
人员被困	0.23	0.04	0.04	0.13	0.13	0.17	0.04	0.04	0.00	0.00	0.00	0.24	0.24	0.24	0.11	0.19	0.09	0.09	0.43	0.18	0.05	0.40	0.19	0.18	0.46	1.00			
道路损毁	0.00	0.00	0.00	0.00	0.00	0.00	0.00	0.00	0.00	0.00	0.00	0.00	0.00	0.00	0.11	0.11	0.09	0.09	0.14	0.00	0.00	0.00	0.06	0.18	0.23	0.00	1.00		
停电	0.16	0.00	0.00	0.00	0.00	0.00	0.00	0.00	0.00	0.00	0.00	0.27	0.27	0.27	0.22	0.22	0.18	0.20	0.00	0.00	0.11	0.05	0.44	0.42	0.28	0.12	0.28	1.00	
通信中断	0.08	0.00	0.00	0.00	0.00	0.00	0.00	0.00	0.00	0.00	0.00	0.22	0.22	0.22	0.18	0.18	0.18	0.10	0.00	0.00	0.12	0.09	0.23	0.28	0.14	0.00	0.35	0.35	1.00

资料来源：笔者根据非常规突发洪水事件对应超边集数据库应用社会网络分析软件 Ucinet 计算整理而得。

为更清晰地表示各事件之间的关联关系，将非常规突发洪水事件之间的关联度转为社会网络图。沂沭河流域非常规突发洪水事件之间关联网络，如图4.7所示。

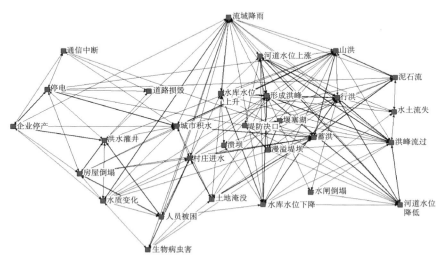

图 4.7　沂沭河流域非常规突发洪水事件之间关联网络

资料来源：笔者根据沂沭河流域非常规突发洪水事件之间关联度数据库应用社会网络分析软件 Ucinet 计算整理绘制而得。

4. 事件关联关系分析

从图4.7可以看出各事件之间的关联关系及关联度，粗线为关联度大于0.500的关系。从粗线分布可以看出，沂沭河流域非常规突发洪水演进过程中"河道水位上涨—形成洪峰—行洪—洪峰流过—河道水位降低"的非常规突发洪水形成主线，以及"蓄洪—土地淹没—城市积水"的洪水灾害形成主线，同时，出现了"山洪—泥石流—土地淹没"的强致灾过程。非常规突发洪水事件关联度模型在沂沭河流域洪水灾害事件中有以下三个应用结果。

（1）基于超网络构建的非常规突发洪水事件关联度模型，能够科学地描述洪水演化过程中各事件的关联关系，实现"河道水位上涨—形成洪峰—行洪—洪峰流过—河道水位降低"从定性到定量的演化描述。

（2）"山洪—泥石流—土地淹没"的强致灾过程，与沂沭河流域特征吻合，能够准确地表达沂沭河流域特有的灾害演化关系。沂沭河流域地处沂蒙山区，区域内有中高山区、低山丘陵、岗地和平原等多种地貌，地势由北向东南逐渐降低，极易形成山区特有的自然灾害。

（3）基于知识元理论对非常规突发洪水过程中突发事件、承灾载体、环境单元进行规范表达，结合非常规突发洪水事件关联度模型，应用于具体流域内非常规突发洪水事件关系及关联度的描述时，能够帮助流域管理部门进一步厘清沂沭河流域内非常规突发洪水事件的发生过程，明晰非常规突发洪水演进过程中的关键环节，掌握沂沭河流域内非常规突发洪水事件特有的发生规律、发展规律，提高编制应急预案、制定应急方案等方面的针对性，有效地提升流域非常规突发洪水应急响应效率及应急保障效率。

4.5　本章小结

非常规突发洪水事件受到事发环境及承灾载体的影响，不断向前演化发展，原生事件、次生事件和衍生事件之间的关联关系主要是依托在承灾载体之上。本章建立了非常规突发洪水事件、承灾载体及环境单元等知识元网络，基于超网络理论构建非常规突发洪水系统超网络，并建立突发事件与承灾载体、环境单元的超边关系，通过计算超边相似度得出突发事件之间的关联关系，并通过实证检验该方法的可行性。通过计算非常规突发洪水事件关联关系及关联度，为后续研究具有关联关系的非常规突发洪水事件的演化方向及演化风险提供支持。

第5章

基于知识元的非常规突发洪水事件演化风险研究

在构建非常规突发洪水事件之间关联关系的基础上，本章主要研究具有关联关系的非常规突发洪水事件之间的演化风险。从狭义上说，事件间的演化风险即两个事件之间的演化概率。从事件链的角度，通过计算事件链上的前一事件向后一事件发生、发展的概率，可帮助应急决策主体预判事件链的演化方向，提前采取切断事件链措施，制定应急决策方案，有效地降低次生事件带来的损失。

5.1 非常规突发洪水事件演化风险分析

联合国开发计划署（united nations development program，UNDP）将风险定义为由自然因素、人为诱发危险因素及脆弱的条件互相作用而造成有害后果的概率，或人员受伤、环境破坏、生命损失、财产损失、经济活动受干扰等不利后果的预期（Fitzpatrick，1994）。黄崇福等（2010）在此基础上指出，自然灾害风险是由自然事件或自然力量为主因导致的未来不利事件情景，如雷电导致草原燃烧的情景，地震导致建筑物破坏的情景，洪水导致农作物减产的情景等。基于黄崇福等（2010）对自然灾害风险的定义，我们界定洪水灾害风险是指，由洪水事件为主因导致的未来不利事件情景。该定义包含三方面的含义：（1）洪水事件未来会导致其他事件的发生，这体现了事件演化的特征；（2）被洪水事件导致的事件属于不利事件，只有不利事件发生，才会有风险；（3）当将风险视为一种情景时，风险是模糊的、不精确的，未来情景并非清晰可见。

对于非常规突发洪水事件而言，如果不考虑应急管理活动的参与，在洪水事件链演化过程中，可以将单个事件认为是不利事件。因此，借用黄崇福等（2010）对自然灾害风险的定义，我们界定非常规突发洪水事件的演化风险是指，当前事件演化为后续事件的情景，期望损失、概率、公式等皆可用来表达未来不利事件情景，本书采用概率描述非常规突发洪水事件的演化风险。

卡普兰和加里克（Kaplan and Garrick，1981）认为，风险应该是一个三联体的完备集，即：

$$R_{risk} = \{ <s_i,\ p_i,\ x_i> \}_c \tag{5.1}$$

在式（5.1）中，R_{risk} 表示风险，s_i 表示第 i 个事件，p_i 表示第 i 个事件发生的可能性，x_i 表示第 i 个事件的结果，是一种损失指标，c 表示此集合是个完备集。

基于卡普兰和加里克（1981）的完备集思想，我们界定演化风险为：

$$R_{risk} = \{ <s_i,\ p_i,\ s_{i+1}> \}_c \tag{5.2}$$

在式（5.2）中，R_{risk} 表示风险，s_i 表示第 i 个事件，p_i 表示第 i 个事件演化为第 i+1 个事件的可能性，s_{i+1} 表示第 i 个事件的结果，c 表示此集合是个完备集。

5.2　基于演化风险角度的非常规突发洪水事件链构建

非常规突发洪水事件受到事发环境及承灾载体的影响，不断向前演化发展，原生事件、次生事件和衍生事件之间的关联关系主要依托在承灾载体之上，在同一种情境下，因为情境内承灾载体状态变化，引发紧密相关的次生事件，孕灾环境系统内和事件系统内各个要素之间存在复杂关系，所以，这种关联引发非常规突发洪水事件链和灾害链，推动非常规突发洪水事件发生、发展及消退。

非常规突发洪水事件链可分解为多级事件链，事件链可以由复杂事件链或简单事件链组成，事件链中某事件可以是一件事件的原生事件或次生事件，也可以为多个次生事件、衍生事件的原生事件。非常规突发洪水复杂事件链，如图 5.1 所示。在非常规突发洪水简单事件链中，原生事件与次生事件皆为简单事件，通常为单一原生事件引发单一次生事件或单一衍生事件。非常规突发洪水简单事件链，如图 5.2 所示。复杂事件链是由多个简单事件或复杂事件构成，可以认为复杂事件链由多个简单事件链叠加、复合而成。

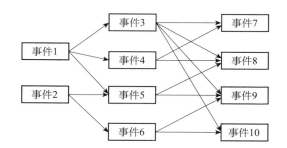

图 5.1　非常规突发洪水复杂事件链

资料来源：笔者绘制。

图 5.2　非常规突发洪水简单事件链

资料来源：笔者绘制。

从演化风险的角度来看，当情境内客观事物的状态发生变化时，受到演化规则的约束，引发次生事件和衍生事件，从而形成事件链。基于演化风险的非常规突发洪水事件演化过程，如图 5.3 所示。以洪水引发大坝事故为例，根据历史经验，洪水水位高度不同会引发不同级别的大坝事故，如渗漏、漫坝、垮坝等，在不同气候条件下，大坝事故也会不同，气候条件和洪水水位高度共同构成了洪水导致大坝事故发生的演化规则。

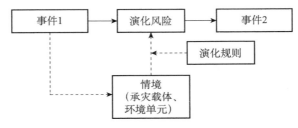

图 5.3 基于演化风险的非常规突发洪水事件演化过程
资料来源：笔者绘制。

从系统论角度，突发事件的粒度大小决定了事件复杂度，事件粒度越大，系统内包含要素越多，要素之间的关系越复杂，事件之间触发的随机概率准确性越难以保证。因此，将大粒度事件分解为若干小粒度事件，可在一定程度上提高事件之间触发的确定性。知识元层次的非常规突发洪水事件演化模型，如图 5.4 所示。对于非常规突发洪水事件系统而言，事件所处情景结构复杂、要素繁多，事件与情景的联系、事件与事件的联系无法明确。为更加清晰地描述演化过程，将突发事件系统分解到知识元层次，利用知识元模型描述非常规突发洪水事件演化系统中的突发事件、承灾载体及环境单元。一方面，能实现洪水系统中各要素的统一规范表达，知识元模型中的属性约束更容易识别事物之间的关系；另一方面，分解到知识元层次的非常规突发洪水基元事件所面对的情境相对简单，计算基元事件之间的演化概率准确性更加可信。

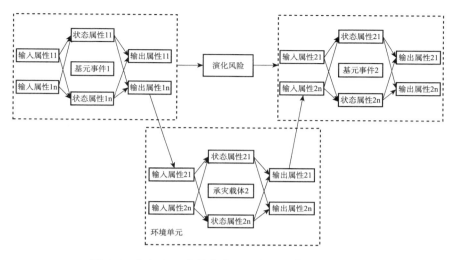

图 5.4　知识元层次的非常规突发洪水事件演化模型
资料来源：笔者绘制。

5.3　基于知识元的非常规突发洪水事件演化风险分析模型构建

5.3.1　演化规则的界定

在非常规突发洪水演化过程中，我们默认下一个不受控的事件为不利事件，当前因事件引发事发情境中承灾载体状态变化，承灾载体状态达到特定阈值后发生状态突变，引发后果事件（Kuller et al.，2021）。因此，情境中不同客观事物的状态阈值构成了引发后果事件的风险标准，获取输入属性状态集中元素各类状态突变的临界值 $A = (a_1, a_2, \cdots, a_n)$ 将其作为突发事件风险等级标准，根据风险等级标准及当前客观事物状态，计算事件链演化风险。

以洪水量级为例，目前，对洪水分级是依靠洪水要素重现期确定，洪水要素重现期的指标包括，洪峰流量、洪峰水位、不同历时最大洪量等，目前，中国官方对洪水等级划分为小洪水、中洪水、大洪水、特大洪水，以下是每个等级的详细说明。

①小洪水：洪水要素重现期小于 5 年的洪水。

②中洪水：洪水要素重现期大于等于 5 年、小于 20 年的洪水。

③大洪水：洪水要素重现期大于等于 20 年、小于 50 年的洪水。

④特大洪水：洪水要素重现期大于等于 50 年的洪水。

根据洪水发生的流域范围和洪灾影响范围，可将洪水分为流域性洪水、区域性洪水和局部性洪水，各流域结合水文气象特征，可自行确定洪水等级划分方法及量化标准。淮河流域洪水量级指标体系，如表 5.1 所示。

表 5.1　　　　　　淮河流域洪水量级指标体系

洪水类别	范围	代表水文站	洪水量级	量化指标
流域性洪水	全流域	王家坝、正阳关、润河集、蚌埠（吴家渡）、蒋坝	特大洪水	(1) 淮河中上游干流有 4 个及 4 个以上水文站超保证水位；(2) 洪泽湖（中渡）最大 30d 洪量重现期达 50 年以上
			大洪水	(1) 淮河中上游干流 5 个站达到或超过警戒水位，3 个站及 3 个以上超保证水位；(2) 洪泽湖（中渡）最大 30d 洪量重现期达 20 年以上
区域性洪水	淮河正阳关以上区	淮滨、王家坝、正阳关、润河集	特大洪水	有 2 个或 2 个以上水文站超过保证水位，且有 1 个或 1 个以上水文站最大 30d 洪量重现期达 50 年以上
			大洪水	有 2 个或 2 个以上水文站超过保证水位，1 个或 1 个以上水文站最大 30d 洪量重现期达 20 年以上

续表

洪水类别	范围	代表水文站	洪水量级	量化指标
区域性洪水	淮河正阳关—洪泽湖区	淮南、蚌埠（吴家渡）、蒋坝	特大洪水	有 1 个以上站超过保证水位，1 个及 1 个以上水文站最大 30d 洪量重现期达 50 年以上
			大洪水	有 1 个或 1 个以上水文站超过保证水位，1 个及 1 个以上最大 30d 洪量重现期达 20 年以上
	里下河区	兴化、建湖、盐城、阜宁	特大洪水	有 3 个或 3 个以上水文站超过 1991 年最高洪水位
			大洪水	有 2 个或 2 个以上水文站超过 1954 年最高洪水位
	沂沭泗区	沭阳、临沂、大官庄	特大洪水	有 2 个或 2 个以上水文站洪峰流量或 30d 洪量重现期达 50 年以上
			大洪水	有 1 个或 1 个以上水文站洪峰流量或 30d 洪量重现期达 20 年以上
局部洪水	淮河上游	息县		超过警戒水位，接近保证水位
	洪汝河	班台		超过警戒水位，接近保证水位
	史灌河	蒋家集		超过警戒水位，接近保证水位
	淠河	横排头		超过警戒水位，接近保证水位
	沙颍河	阜阳		超过警戒水位，接近保证水位
	涡河	蒙城		超过警戒水位，接近保证水位
	新汴河	宿县		超过警戒水位，接近保证水位
	沂河	临沂		超过警戒水位，接近保证水位
	沭河	大官庄		超过警戒水位，接近保证水位
	上级湖	南阳		超过警戒水位，接近保证水位
	下级湖	微山岛		超过警戒水位，接近保证水位

资料来源：笔者根据《中国水利百科全书》（2006）整理而得。

5.3.2 演化风险计算方法

1. 非常规突发洪水事件演化信息特征

从洪水产生到洪水发展乃至洪水致灾过程中，受环境、自然、社会等诸多因素的影响，细化为以下几个方面。

经济社会因素：流域产业结构，建筑物特性，人口总量、人口密度、人口结构及分布，防灾抗灾减灾基础条件等。

水文因素：流域降雨径流关系、融雪特征或降雨特征、水系分布特征，决定洪水的量级、频率及历时。森林植被截留雨量，天然湖泊、人工水库调蓄能力，土地利用方式，土壤湿度等因素，也会影响洪水的量级及发展。

应急管理因素：洪水前、洪水中的应急管理方式，针对洪水事故的应急调度方式，河流、水利工程系统的安全巡视、人员安置、水库调度方式等。

材料因素：堤坝建筑材料的材质类型和施工质量等。

结构与岩土因素：堤坝强度稳定性，堤防渗漏特征，深层渗漏、管涌，地基地质类型等。

水力因素：河道河床坡度，河道几何形状、糙率，洪泛区特性，风、浪等天气因素，河流含沙量等。

地震因素：地震诱发的大坝失事或堤防失事，地震频率和地震等级等。

具体到某一事件演化中，如大坝溃坝事件向淹没事件演化，由最大淹没水深、最大流速、最大单宽流量、洪水到达时间、最大淹没水深到达时间、淹没范围等因素构成淹没事件。由降雨事件导致河道水位上升事件演化过程中，受到降水、气温、土壤和产汇流等因素影响，降水又细化到日降雨量、融雪等，土壤可以细化到地下水补给和实际蒸发，产汇流又包括地形和下垫面类型等。可以看出，非常规突发洪水事件在演化过程中受到多种因素影响，在进行事件演化风险计算时，涉及参数众多，呈现典型的高维度特征。

非常规突发洪水事件的另一典型特征是发生频率低，非常规突发洪水一般是指 P-Ⅲ 型频率曲线中最大月洪量出现频率在10%以内的洪水，即最大月洪量重现期大于10年的中洪水、大洪水及特大洪水，相对于传统概率分析的数据量级要求，非常规突发洪水事件发生的时间间隔比较长，样本数据比较少，因此，非常规突发洪水事件演化信息同样显示出小样本特征。

非常规突发洪水事件演化过程的影响因素多，时间紧急，洪水实时观测样本数据不多，传统风险分析方法需要的基础信息不完备，无法保证非常规突发洪水风险分析结果可靠、合理。同时，对于非常规突发洪水风险分析来说，时效性至关重要，无法及时获得足够的统计资料或实时信息以极端精确、过分仔细地构建状态方程，在实际管理过程中无法计算非常规突发洪水风险概率。如何在有限的信息知识和少量的历史资料中快速、高效地进行风险计算，成为非常规突发洪水事件也是大多数非常规突发事件风险分析的关键。为解决非常规突发洪水事件演化过程中的信息高维且样本数量极少的问题，必须采用更科学的方法快速进行风险判断，投影寻踪算法和信息扩散理论被部分学者结合起来应用于非常规突发事件的风险分析领域。

2. 投影寻踪算法和信息扩散理论的应用情况

投影寻踪算法是一种处理高维数据的统计分析方法，基本思想是通过投影寻踪将高维数据投影到低维空间，在低维空间上研究高维数据投影特征值，这些特征值能够充分反映高维数据的结构特征。投影寻踪的关键在于，构造投影目标函数、选择合适的优化方法以及建立科学的数学模型，目的在于将多因素高维数据进行降维，以方便解决实际应用问题。目前，投影寻踪算法在洪水管理领域的应用比较广泛，通过结合基于实数编码的加速遗传算法、遗传算法、粒子群优化算法、蚁群算法、多智能遗传算法等最优化算法，确定最佳聚类数和最佳聚类结果，实现对洪水的类别确定、评价洪水灾情、洪水资源预警、区域洪涝灾害风险的模糊综合评价与预测等。基于实数编码的加速遗传算法，具有信息处理的并行性、鲁棒性、较强的全局搜索能力等优点，目前，投影寻踪算法应用最为普遍。

非常规突发洪水观测样本数据相对较少，仅使用投影寻踪方法将高维数据投影到一维空间后，数据信息量过小导致无法实现对非常规突发洪水事件风险的全面识别，当观测样本数据少时，投影到一维空间的数据信息量不够，无法全面识别非常规突发洪水事件的风险。

信息扩散理论作为一种集值化处理样本数据的模糊数学方法（毛熙彦等，2012），其目的在于解决观测样本信息的非完备性，样本信息非完备性是指，样本无法完整、精确地描述样本母体的概率密度函数。信息扩散理论认为，样本从非完备到完备存在着一定函数关系的过渡趋势，每个样本点都具备充当周边一定范围内未出现样本点代表的可能性，一个样本点具有发展成为多个样本点的趋势。因此，根据现有样本情况，即使样本信息非完备，也可以通过信息扩散理论实现样本信息扩散来计算母体的概率密度函数。在非常规突发洪水风险分析方面，历史灾害资料较少，样本数量随着洪水灾害规模的递增而减少，洪水概率分布计算困难。在小样本条件下，传统概率统计方法中经常用到的参数估计法或直方图法操作困难，风险信息呈现典型的非完备性特点，引入信息扩散模型能够克服以上困难，信息扩散模型中用到的模糊数学工具得到的结果估计值与实际频率更趋于接近，从而提高风险分析评估的准确性、合理性。

将投影寻踪方法与信息扩散理论结合，投影寻踪方法解决了多因素高维数据的降维问题，利用投影寻踪方法将高维样本投影到一维空间，运用信息扩散理论选取合适的扩散函数，对一维空间样本信息进行扩散，将每个样本点所含信息扩散到指标论域中的所有控制点，从而解决数据信息量不够的问题。

5.3.3　基于投影寻踪方法和信息扩散理论的非常规突发洪水事件演化风险分析模型

在知识元层次，特定区域环境（情境）中，受前因事件和环境单元的输入影响，情境中客观事物状态属性发生变化，引发对外输出致灾能力，导致后果事件发生。因此，前因事件与后果事件之间的事件演化风险，转变为客观事物知识元内部受输入属性影响客观事物状态属性发生变化，导致客观事物输出属性变化的风险。通常，为计算方便，可将与客观事物紧密相连的后果事件发生风险定义为客观事物输出属性。以水库与大坝构成的区域环境为例，河道发生洪水，加上环境单元降雨和风的影响，触发水库水位上升事件，水库水位上升到一定高度时，导致发生漫坝事件乃至溃坝事件的风险，漫坝事件发生的本质是客观事物水库的状态属性水位超过大坝的状态属性，因此，事件水库水位上升向事件漫坝演化风险转化，当前区域环境内客观事物水库、大坝的状态属性"水位、容量、泄流能力、洪峰、24h 洪量、壅水高度、波浪爬高"等属性值发生变化，漫坝事件发生的概率也不停变化，导致大坝的输出属性"漫坝风险"发生。

根据前面定义的演化风险计算公式得出：

$$R_{risk} = \{ <C^s,\ p,\ C^o> \}_c \qquad (5.3)$$

在式（5.3）中，R_{risk} 表示风险，$C = \{ c_1,\ c_2,\ \cdots,\ c_a \}$，指情境内的客观事物集。$C^s$ 表示情境内客观事物的状态属性集，C^o 表示情境内客观事物的输出属性集。p 表示风险演化概率，c 表示此集合是完备集。

知识元层面的非常规突发洪水事件演化风险分析模型，如图 5.5 所示。

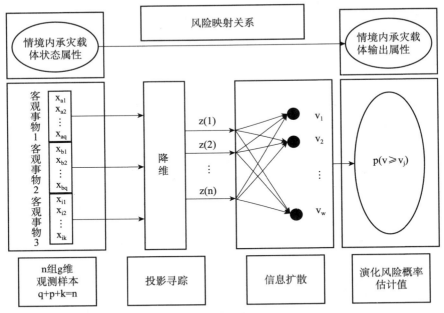

图 5.5　知识元层面的非常规突发洪水事件演化风险分析模型
资料来源：笔者绘制。

　　根据知识元层面的非常规突发洪水事件演化风险分析模型，结合洪水事件系统特征，扩展通用知识元模型，建立非常规突发洪水事件系统内基元事件、承灾载体知识元及环境单元知识元模型，分析当前情境内的承灾载体知识元集 $Z = (z_1, z_2, \cdots, z_a)$，基于承灾载体状态突变的阈值，建立演化风险标准体系，获取承灾载体知识元状态属性 C^s 的具体监测数据。利用投影寻踪方法对当前情境下承灾载体知识元状态属性集进行降维，选择最佳投影方向，将 n 组 g 维状态属性数据集转为一维投影特征值 $\{z(1), z(2), \cdots, z(n)\}$，结合演化风险标准体系计算每组数据拥有的风险信息，利用信息扩散理论将每组数据拥有的风险信息进行扩散，扩散到风险指标等级所属论域 $\{v_1, v_2, \cdots, v_w\}$ 的全部控制点上，得出事件演化的概率分布 p，从而确定非常规突发洪水事件演化风险。

5.4　非常规突发洪水事件演化风险计算过程

步骤 1：区域环境下知识元属性构建。

根据上述章节构建的知识元模型，对于当前区域内的客观事物进行描述，找出对事件演化有重要影响的客观事物，并筛选出与事件演化直接相关的状态属性，同时，将事件风险作为输出属性。

步骤 2：事件演化风险标准确定。

根据国家相关标准和规定，如《防洪标准 GB50201—94》、流域洪水量化指标、《堤防工程设计规范（GB50286—2013）》《水利水电工程等级划分及设计标准》等，参照洪水系统中相关客观事物的防洪等级，制定事件演化风险标准。按照国家要求，大部分客观事物的防洪等级均已制定，如大坝安全监测标准体系、河道防护标准体系等，未建立风险等级标准的，也可以情境内客观事物状态属性集中元素各类状态突变的临界值 $E = (E_1, E_2, \cdots, E_g)$，作为非常规突发洪水事件演化风险等级标准。

非常规突发洪水事件演化标准具有多指标复杂特点，演化风险标准设为 p 组 g 维数据：

$$F = (E, G) \tag{5.4}$$

$$E' = [E_1, E_2, \cdots, E_p] \tag{5.5}$$

$$E_k = (e_{k1}, e_{k2}, \cdots, e_{kg})(k \in p) \tag{5.6}$$

$$G = (1, 2, 3, \cdots, p)$$

其中，F 表示风险标准矩阵，E 表示风险指标体系，G 表示风险等级，E_i 表示对应第 i 个风险标准等级的一组数据，e_{ig}（$i \in k$）表示 i 组数据中的第 g 个指标。

为消除指标之间的量纲影响，必须对数据进行标准化处理，以确保数据指标之间具备可比性。对于数值越大，风险等级越低的指标：

$$x_{i,j} = \frac{x_{i,j}^* - \min x_j}{\max x_j - \min x_j} \qquad (5.7)$$

对于数值越大，风险等级相应越大的指标：

$$x_{i,j} = \frac{\max x_j - x_{i,j}^*}{\max x_j - \min x_j} \qquad (5.8)$$

在式（5.8）中，$\max x_j$、$\min x_j$ 分别为指标体系中 j 指标的最大值和最小值，原始数据经过数据标准化处理后，各指标统一为 [0, 1] 区间的同一数量级。

步骤 3：构造投影寻踪指标函数。

通过投影寻踪方法，从非常规突发洪水事件演化风险标准体系中计算各指标权重信息，建立风险等级标准体系中风险指标与风险等级之间的数学关系，探索各个指标权重是寻找最佳投影方向的过程。

首先，利用投影寻踪方法把 g 维数据 e_{kj} 综合成以 a = (a₁, a₂, …, a_g) 为投影方向的一维投影值 Z_k：

$$Z_k = \sum_{j=1}^{g} a_j e_{kj} \qquad (5.9)$$

在投影寻踪过程中，投影方向的变化会导致 g 维数据一维投影值不同。为确定最佳投影方向，根据整体上投影点尽可能散开、局部投影点尽量密集的原则，构造投影寻踪指标函数为：

$$Q(a) = S_z D_z \qquad (5.10)$$

$$S_z = \left[\sum_{k=1}^{p} (Z_k - E_z)^2 / (p-1) \right]^{0.5} \qquad (5.11)$$

$$D_z = \sum_{k=1}^{p} \sum_{j=1}^{g} (R - d_{kj}) \cdot u(R - d_{kj}) \qquad (5.12)$$

$$u(t) = \begin{cases} 1, & t \geq 0 \\ 0, & t < 0 \end{cases}$$

式中，S_z 表示一维投影值 Z_k 的标准差；D_z 表示一维投影值 Z_k 的局部密度，E_z 表示投影值序列 $\{Z_k | k = 1, 2, \cdots, p\}$ 的平均值；R 表示局部密度窗口半径，一般取值为 $0.1S_z$，取值范围为 $d_{max} + g/2 \leqslant R \leqslant 2g$；$d_{kj}$ 表示样本之间的距离，$d_{kj} = |z_k - z_j|$；$u(t)$ 表示单位阶跃函数。

步骤 4：优化投影指标函数。

当非常规突发洪水事件演化风险等级指标体系确定后，投影寻踪指标函数 $Q(a)$ 随投影方向 a 的变化而变化，通过求解投影指标函数最大化问题确定最佳投影方向，即：

$$\max Q(a) = S_z \cdot D_z \qquad (5.13)$$

$$\text{s.t.} \quad \sum_{j=1}^{g} a_j^2 = 1 \text{ 且 } a_j \geqslant 0$$

式（5.13）是以 $a = (a_1, a_2, \cdots, a_g)$ 为优化变量的复杂非线性优化问题，可采用粒子群算法、遗传算法、加速遗传算法（RA-GA）等优化方法求解。

步骤 5：建立非常规突发洪水事件演化风险映射模型。

把求得的最佳投影方向 $a^* = (a_1, a_2, \cdots, a_g)$ 代入式（5.9）中，即得到非常规突发洪水事件演化风险指标标准值的一维投影 Z_k，根据 $Z_k \sim G_k$ 的散点图进行数据拟合建立相应的数学模型，建立非常规突发洪水事件演化风险指标标准值与风险等级值之间的映射模型：

$$G_k = f(Z_k) \qquad (5.14)$$

步骤 6：监测样本数据降维。

根据非常规突发洪水事件风险等级标准的最佳投影方向 $a^* = (a_1, a_2, \cdots, a_g)$，将数据标准化后的 n 组 g 维承灾载体状态属性监测数据 x_{ij} 降维到一维空间，获得监测样本数据一维投影值：

$$Z_{dk} = \sum_{j=1}^{g} a_j x_{ij} \qquad (5.15)$$

利用映射关系 $G_k = f(z_k)$ 计算非常规突发洪水事件每组检测数据风险等级值 G_{dk}。

步骤 7：风险信息扩散。

信息扩散原理是指，样本所含信息被以一种合理的方式扩散到样本给定的离散论域中，样本离散论域为 $X = \{x_1, x_2, \cdots x_n\}$，关系 R 利用 U 进行估计，假设一个合理算子 γ，相伴特征函数 $x(x_i, u)$，所得非扩散估计为：

$$\hat{R}(\gamma, X) = \{\gamma(x(x_i, u)) \mid x_i \in X, u \in U\} \qquad (5.16)$$

当给定样本信息不完备时，必定存在一个合理的扩散函数，能够改进非扩散估计，更精确地估计论域上的关系 R。即 X 不完备，通过扩散函数 $u_{x_i}(u)$ 和相应算子 γ'，将式（5.16）中的 γ 调整为 γ'，相伴特征函数 $x(x_i, u)$ 调整为扩散函数 $u_{x_i}(u)$，得到扩散估计为：

$$\tilde{R}[\gamma', D(X)] = \{\gamma'(u_{x_i}(u)) \mid x_i \in X, u \in U\} \qquad (5.17)$$

使得 $\|R - \tilde{R}\| < \|R - \hat{R}\|$（$\|\cdot\|$ 表示真实关系和估计关系之间的误差），显然，扩散估计后得到的关系 $\tilde{R}$ 比 $\hat{R}$ 更接近真实关系 R。

根据信息扩散原理，监测数据样本中每组数据的风险值并不等同于整个事件的风险值。因此，必须将每组样本数据携带的风险信息向整个事件扩散，从而实现事件演化风险评价。

假设 G_{dk} 的指标论域为 $V = \{v_1, v_2, \cdots, v_w\}$，利用扩散函数将非常规突发洪水事件每组监测数据风险等级值 G_{dk} 所携带的风险信息扩散到指标论域 V 中的 w 个点上，常用模型为正态扩散模型，扩散函数为：

$$f_i(v_g) = \frac{1}{h\sqrt{2\pi}} \exp\left(-\frac{(G_{dki} - v_g)^2}{2h^2}\right) \qquad (5.18)$$

在式（5.18）中，$g = 1, 2, \cdots, w$；$i = 1, 2, \cdots, n$；h 为扩

散系数:

$$h = \begin{cases} 0.814\ 6(b-m) & n=5 \\ 0.569\ 0(b-m) & n=6 \\ 0.456\ 0(b-m) & n=7 \\ 0.386\ 0(b-m) & n=8 \\ 0.336\ 2(b-m) & n=9 \\ 0.298\ 6(b-m) & n=10 \\ 2.685\ 1(b-m)/(n-1) & n=11 \end{cases} \quad (5.19)$$

在式 (5.19) 中, b 和 m 为样本集合中的最大值和最小值。

令 $C_i = \sum_{g=1}^{w} f_i(v_g)$, 则每组样本数据的风险等级值 G_{dki} 归一化信息分布为:

$$\mu_{G_{dki}}(v_g) = \frac{f_i(v_g)}{C_i} \quad (5.20)$$

步骤 8: 事件演化风险概率计算。

令 $h(v_g) = \sum_{i=1}^{n} \mu_{G_{dki}}(v_g)$, $H = \sum_{g=1}^{w} h(v_g)$, H 表示 v_g 各点上样本数据的总和, 计算每组样本数据风险信息落在 v_g 处的频率值作为概率估计值 $p(v_g)$:

$$p(v_g) = h(v_g)/H \quad (5.21)$$

超越 v_g 的概率估计值记为 $P(v \geqslant v_g)$, 则所得到的风险概率估计值为:

$$P(v \geqslant v_g) = \sum_{g=t}^{w} p(v_g) \quad (5.22)$$

将风险概率估计值 $P(v \geqslant v_g)$ 作为非常规突发洪水事件演化风险的基础, 实现从情境内承灾载体状态属性监测数据到情境内关联事件演化风险计算的实时转化, 为应急决策提前采取风险应对策略提供依据。

5.5 实例验证

陕西省铜川市桃曲坡水库位于石川河支流沮河下游，大坝坝顶高程792.0m，防浪墙顶高程793.0m，防洪标准为百年一遇洪水设计，千年一遇洪水校核。因梅家坪—七里镇铁路沿水库右岸布设，限定水库水位不得超过790.5m，其相应库容为4 420万 m^3，最大泄洪量为2 345m^3/s。

以桃曲坡水库为例，在上游发生暴雨之后，水库水位上升，计算引发洪水漫坝的概率。

1. 知识元层面的情境风险因素表达

水位上升事件所面临的情境中，主要包括水库和堤坝两个客观事物，输入元素包括：水位、洪峰、24h洪量、壅水高度、波浪爬高等，输出元素1个，为漫坝风险值。知识元层面的情境风险因素，如表5.2所示。根据《堤防工程设计规范（GB50286—2013）》《水利水电工程等级划分及设计标准》《防洪标准 GB50201—2014》及桃曲坡水库运行经验，建立漫坝风险等级标准，桃曲坡水库大坝漫坝风险等级标准为5级，每级标准对应6个元素，桃曲坡水库大坝漫坝风险等级，如表5.3所示。大坝实时监测数据有9组，桃曲坡水库大坝监测数据，如表5.4所示。

表5.2   知识元层面的情境风险因素

知识元 类型	知识元 实例	N_m	A_m			R_m			
			p_a	d_a	f_a	p_r	A_r^I	A_r^O	f_r
承灾载体 知识元状 态属性	水库	水位	可测	m	时变	非线性	√	×	风险映射
		泄流能力	可测	m^3/s	时变	非线性	√	×	风险映射
		洪峰流量	可测	m^3/s	时变	非线性	√	×	风险映射
		24h洪量	可测	万m^3	时变	非线性	√	×	风险映射

续表

知识元类型	知识元实例	N_m	A_m			R_m			
			p_a	d_a	f_a	p_r	A_r^I	A_r^O	f_r
承灾载体知识元状态属性	堤坝	波浪爬高	可测	m	时变	非线性	√	×	风险映射
		壅水高度	可测	m	时变	非线性	√	×	风险映射
承灾载体知识元输出属性	堤坝	漫坝风险	可求解		时变	概率	×	√	风险映射

资料来源：笔者根据《堤防工程设计规范（GB 50286—2013）》《水利水电工程等级划分及设计标准》《防洪标准 GB 50201—2014》整理而得。

表 5.3　　　　　　　　　桃曲坡水库大坝漫坝风险等级

风险等级	水位/m	泄流能力/m^3/s	洪峰流量/m^3/s	24h 洪量/万 m^3	壅水高度/m	波浪爬高/m
I	785.0	100	541	946	0.05	0.31
II	786.0	200	869	1 443	0.10	0.41
III	788.0	600	1 350	2 100	0.10	0.54
IV	788.5	968	1 780	2 768	0.15	0.64
V	789.5	2182	3250	4 902	0.20	0.78

资料来源：笔者根据《堤防工程设计规范（GB 50286—2013）》《水利水电工程等级划分及设计标准》《防洪标准 GB 50201—2014》《桃曲坡水库防汛抢险应急预案》整理而得。

表 5.4　　　　　　　　　　桃曲坡水库大坝监测数据

序号	水位/m	泄流能力/m^3/s	洪峰流量/m^3/s	24h 洪量/万 m^3	壅水高度/m	波浪爬高/m
1	790.0	2 182	2 150	4 510	0.18	0.64
2	785.0	100	1 350	2 200	0.20	0.84
3	783.0	100	1 550	2 500	0.13	0.41
4	787.0	200	890	1 500	0.09	0.31
5	782.0	100	900	2 000	0.10	0.23
6	788.5	968	1 560	2 615	0.06	0.28
7	783.0	100	1 000	2 100	0.11	0.41
8	785.0	100	3 150	4 900	0.16	0.64
9	786.0	200	3 500	5 100	0.20	0.78

资料来源：笔者根据陕西省桃曲坡水库灌溉中心网站资料，http：//www.sxstgj.cn/lndex.action 整理而得。

2. 漫坝事件演化概率计算

（1）风险标准降维。

对桃曲坡水库大坝漫坝风险等级表中的数据进行归一化，按照风险等级标准降维的步骤进行计算，构建投影指标函数，采用加速遗传算法（RAGA）优化算法，选定变异概率 $p_m = 0.05$，交叉概率 $p_c = 0.8$，加速次数为 7，父代初始种群规模为 400，优秀个体数目选定为 50 个，计算得出最大投影指标函数值为 38，最佳投影方向为：

$$a = \{0.412\,9,\ 0.417\,7,\ 0.407\,7,\ 0.407\,4,\ 0.391\,7,\ 0.411\,7\}$$

将 a 代入式（5.15），得到风险标准 Z_k 的一维投影为：

$$Z_k = (0,\ 0.430\,5,\ 0.948\,2,\ 1.419,\ 2.449\,0)$$

运用回归分析得到风险等级值 $G_{dk}(y)$ 与一维投影值 $Z_k(x)$ 之间的映射关系为：

$$y = -0.173x^3 + 0.232x^2 + 2.098x + 1.016 \qquad (5.23)$$

对映射关系进行检验，风险等级标准投影寻踪误差分析，如表5.5所示，平均相对误差为 1.45%，平均绝对误差为 0.034 500，模型拟合程度良好。

表 5.5　　　　　　　　　风险等级标准投影寻踪误差分析

风险等级值	5	4	3	2	1	平均值
拟合计算值	5.004 400	3.965 905	3.066 427	1.948 383	1.016 000	3.000
绝对误差	0.004 400	0.034 095	0.066 427	0.051 617	0.016 000	0.0345
相对误差	0.08%	0.85%	2.21%	2.50%	1.60%	1.45%

资料来源：笔者根据《堤防工程设计规范（GB 50286—2013）》《水利水电工程等级划分及设计标准》《防洪标准 GB 50201—2014》《桃曲坡水库防汛抢险应急预案》应用 SPSS 24.0 软件计算整理而得。

（2）观测样本数据降维。

根据表5.4的9组承灾载体知识元状态属性监测数据和由风险标准得到的最佳投影方向 a 对检测样本数据进行降维，得到一维投影值,利用映射关系计算出风险等级值,承灾载体知识元状态属性监测数据一维投影值和风险等级值,如表 5.6 所示。

表 5.6　承灾载体知识元状态属性监测数据一维投影值和风险等级值

监测数据样本	一维投影值	风险等级值	投影评价等级
1	1.980 512	4.737 181	5
2	1.109 309	3.392 664	3
3	0.585 211	2.288 554	2
4	0.416 054	1.916 582	2
5	0.170 060	1.378 644	1
6	0.774 209	2.699 068	3
7	0.398 073	1.877 008	2
8	1.449 134	4.017 013	4
9	1.804 517	4.540 784	5

资料来源:笔者根据陕西省桃曲坡水库灌溉中心网站资料,http://www.sxstgj.cn/index. action 应用 Matlab R 2016a 软件计算整理而得。

(3) 风险信息扩散。

选取当前情境下大坝漫坝风险等级标准体系中等级值 G_k 的指标论域为:

$$V = \{v_1, v_2, v_3, v_4, v_5\} = \{1, 2, 3, 4, 5\} \quad (5.24)$$

利用风险等级值 G_{dk} 进行信息扩散,得到该大坝漫坝风险概率,桃曲坡水库大坝漫坝风险概率分布,如表 5.7 所示。

表 5.7　　　　　　　桃曲坡水库大坝漫坝风险概率分布

风险等级	风险估计值
I	1.000
II	0.848
III	0.611
IV	0.365
V	0.149

资料来源:笔者根据陕西省桃曲坡水库灌溉中心承灾载体知识元状态属性监测数据一维投影值和风险等级值,见陕西省桃曲坡水库灌溉中心网站资料,http://www.sxstgj.cn/index. action,应用 Matlab R2016a 软件计算整理而得。

（4）概率分析。

从计算结果可知，大坝发生Ⅴ级风险的概率较低，仅为0.149，发生Ⅳ级以上风险的可能性为0.365，发生Ⅲ级以上风险的概率为0.611，发生Ⅱ级以上风险的可能性为0.848。

5.6　本章小结

本章针对非常规突发洪水演化过程，认真分析演化过程中突发事件与次生事件之间的关系，从突发事件与承灾载体之间的作用角度与被作用角度，构建基于情境的非常规突发洪水演化分析模型，并利用知识元模型进一步细化非常规突发洪水演化分析过程。根据承灾载体的状态阈值建立引发后续事件的演化规则，将投影追踪方法与信息扩散理论结合，解决演化过程中状态数据高维度小样本问题，计算后续事件发生的风险概率。实例分析结果表明，该演化风险分析模型能够根据风险等级标准和少量监测数据，对后续事件发生概率进行动态定量分析和评估，能够帮助应急决策者根据风险概率值进行明确的应急响应，提高应急决策效率，减少灾害以及灾害链带来的损失。

第6章

基于知识元的非常规突发洪水情景检索研究

"情景—应对"应急模式是在情景推演基础上进行决策，完成对洪水情景演化风险的定量分析，帮助应急决策主体识别非常规突发洪水事件的演化方向，实时动态地根据情景变化情况制定决策方案。在应急决策主体制定应急决策方案时，历史案例信息、行业领域专家知识或应急管理专家知识能够为决策方案的制定提供有效的辅助。本章针对非常规突发洪水情景特征，将历史案例分解成情景进行表达与存储，针对非常规突发洪水情景信息不完整的特征，利用基于置信库结构的证据推理方法，将案例信息与专家知识结合，实现定量数据与定性知识的有效结合，提高历史情景检索效率与检索精度，提升历史应急方案辅助决策的有效度。

6.1 基于知识元的非常规突发洪水情景划分及表示

非常规突发洪水情景是非常规突发洪水事件静态与动态的综合集成，情景演化过程呈现复杂的动态特征，情景划分的合理与否对于研究情景演化规律至关重要。在对非常规突发洪水情景进行划分时，充分结合非常规突发洪水的演化规律，按照时间以及重大事件节点将洪水事件分解为数个关键阶段，如孕育阶段、发生阶段、发展阶段、演化阶段、消退阶段等，在关键阶段内以事件状态变换作为情景转换的标志，将事件分解为不同情景。第一个关键阶段的初始情景，即为事件的初始情景，最后一个关键阶段的结束情景为事件的结束情景，对于事件而言，其发展情景、演化情景中可能存在多个阶段的初始情景、中间情景及结束情景。

以此对非常规突发洪水事件进行情景划分，实现对非常规突发洪水情景的知识表达及知识存储。根据非常规突发洪水情景演化过程及情景内部结构，将非常规突发洪水事件表示为：

$$E = \{(S, R) \mid f(R_r) = <S_i, S_j>; (S_i, S_j) \in S;$$
$$R_r \in R; 1 \leq i, j \leq n; r = 1, 2, \cdots, m\} \qquad (6.1)$$

$$S = (S_o, S_1, S_2, \cdots, S_n) \qquad (6.2)$$

在式（6.1）中，S 为由不同情景单元 S_i 组成的情景集，E 表示非常规突发洪水事件，E 由情景单元 S_i 及情景单元之间的演化关系 R_r 构成，R_r 包含发生、发展、演化（转化、蔓延、衍生和耦合）及消失等几种关系类型。情景单元 S_i 内部包含某一情景状态下的事件及与之关联的承灾载体、环境单元和应急管理活动状态信息，见式（6.3）：

$$S_i = (E, C, H, Y, T) \ (i \in n) \qquad (6.3)$$

在式（6.3）中，E 表示事件集，C 表示承灾载体集，H 表示环境单元集，Y 表示应急活动集，T 表示情景单元 S_i 出现的时间集合，t_0（$t_0 \in T$）表示初始情景 S_0 所在时刻。

情景要素中的事件主要是对情景内洪水事件的基本描述，包括事件发生地点、事件发生时间、事件造成的灾害后果，等等，承灾载体是非常规突发洪水事件中承载灾害的客观事物。在特定时空环境下，初始事件与环境内的客观事物相互作用，客观事物被施加作用后其某个状态属性值达到并超过临界值，状态发生突变，释放物质、能力及信息等灾害要素，促使原生事件演化产生衍生事件和次生事件。应急活动通过人为对客观事物施加一定干预，阻止或控制事件进一步发展、演进，从而延缓突发事件作用力、减少其对客观事物的破坏力。客观事物作为突发事件施加作用的对象，称为承灾客体，同时，也是突发事件应急管理活动的保护对象。

6.2　非常规突发洪水情景库的组织与存储

情景库的运用先要求情景库具有规范的结构，通过知识元理论体系和情景建模理论的规则方法，规范地表达情景库中的情景，形成统一规范的情景库表达方式，方便未来对情景进行存储与检索。

非常规突发洪水案例事件具有信息复杂性和结构复杂性，非常规突发洪水事件中包含多个情景单元，每个情景单元包含多个以知识元形式表达的情景要素，情景要素不同的特征值表达了情景的不同状态。为完整地描述非常规突发洪水情景的不同状态，构建非常规突发洪水事件案例情景库，实现案例情景库的高效存储与高效检索，根据非常规突发洪水事件情景特征，分解得到非常规突发洪水情景组织形式，如图 6.1 所示。

从图 6.1 可以看出，将非常规突发洪水事件按照事件的演化发展状态分解成不同的情景，对洪水事件发生过程中出现的典型情景进行适当分类，分解出不同的情景类型，每种情景类型主要包含事件、承灾载体、环境单元及应急活动四类情景要素。情景要素以知识元的形式表达，通过知识元模型构建、实例化及实体化，形成一个具体的、规范的情景要素表达形式，对事件、承灾载体、环境单元及应急活动等概念名称进行标准化、统一化和规范化，为情景库提供一个规范而通用的表达环境，解决异构情景知识统一描述的问题。后续案例中出现相关的情景类型，就按照情景类型中规定的情景要素格式进行分解和组织。

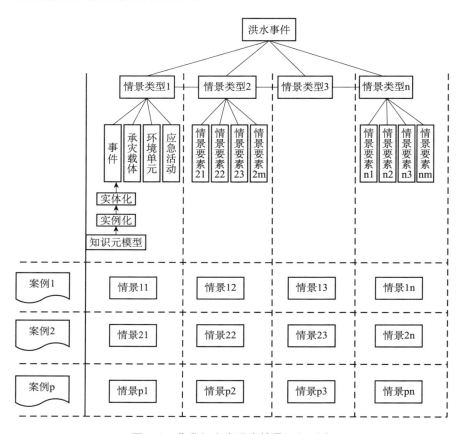

图 6.1　非常规突发洪水情景组织形式

资料来源：笔者绘制。

根据非常规突发洪水事件情景库的组织构建形式，每个情景中的实体对象都由突发事件知识元、承灾载体知识元、环境单元知识元和应急管理活动知识元模型实例化进而实体化获得。目前，有关洪水方面的情景多以自然语言存在，通常使用 BNF 范式对情景进行描述和存储。

6.3　基于知识元的非常规突发洪水事件情景检索与匹配

非常规突发洪水事件发生后，应急决策主体最重要的是如何快速应对，在海量信息中筛选出对应急决策有用的知识。在非常规突发洪水事件应急决策过程中，针对事件当前情景状态，在情景库中检索与匹配最相似或最相近的历史案例情景，充分利用处理情景的历史应对经验，将历史案例情景的应急处置方案提供给应急决策主体，辅助针对当前洪水情景应急决策，确保快速、准确地找到最优决策方案。

非常规突发洪水发生频率低、破坏性大，能够直接为决策提供支持的历史案例非常少，但将非常规突发洪水灾害事件分解到情景链，在单个情景层面上，相似的情景则更多，也更容易从历史情景中寻找应对方案。因此，利用知识元理论对非常规突发洪水进行情景表示并建立情景库，利用案例推理技术实现情景检索与情景匹配，进而检索到历史应急方案及对策为当前情景的应对提供支持，非常规突发洪水情景案例推理过程，如图 6.2 所示。

6.3.1　情景检索

随着情景库内容及情景数量量级的不断增加，情景要素知识元会以几何级数增多，仅采用遍历情景库的检索方法效率极低，无法满足非常规突发洪水情景下及时辅助决策的要求。

根据情景库的设计，采用两段式情景检索方法，先根据情景库中不同的情景类型进行第一阶段检索，找到类似当前情景类型的相似情景，然后，再根据情景要素进行检索，计算出每个相似情景的相似度，界定一定的阈值，从而找到与当前目标情景最相近的具体情景，非常规突发洪水情景检索过程，如图6.3所示。

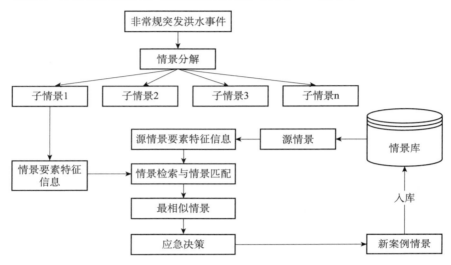

图6.2　非常规突发洪水情景案例推理过程

资料来源：笔者绘制。

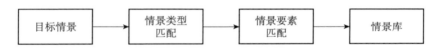

图6.3　非常规突发洪水情景检索过程

资料来源：笔者绘制。

6.3.2　情景匹配

情景检索过程中需要用到情景匹配算法，目前，常用的基于案例的推理检索算法中，最常用的算法为最近邻算法。在最近邻算法中，根据情景要素的不同属性特征进行相似度匹配，要求属性值不能为空，但是，非常规突发洪水事件情景比较复杂，发生频率极低，难以保证属性值的完整性，直接采用最近邻算法出现比较大的误差，无法全面描述当前目标情景与历史情景的相似性。因此，本书将在最近邻算法基础上，加入基于置信规则的证据推理方法，引入专家知识解决信息不完整问题。本小节主要介绍情景要素属性相似度的计算方法。

当目标情景与情景库中历史情景的特征要素属性相同时，定义 $S(s_a, s_b)$ 为目标情景与情景库中历史情景的某一特征要素属性相似度，S_a 为目标情景 S_i 的某一特征要素属性，S_b 为历史情景库中情景 S_j 对应的特征要素属性，$S(s_a, s_b)$ 的值与该特征属性类型相关，则基于最近邻算法的情景要素属性相似度 $S_{pro}(S_i, S_j)$ 为：

$$S_{pro}(S_i, S_j) = \frac{\sum_{i=1}^{k}(W_i \times S(s_a, s_b))}{\sum_{i=1}^{k} W_i} \qquad (6.4)$$

在式 (6.4) 中，W_i 为第 i 个特征要素属性的权重，k 为目标情景 S_i 中特征要素属性的个数。

根据非常规突发洪水事件中情景要素所包含信息内容的不同，将情景要素划分为以下三种类型。

（1）概念表述型：一种确定性的概念描述，概念表述型属性值是确定的，属性值集合中各属性值相互之间是互斥的，非此即彼。例如，大坝类型特征属性，每一种大坝类型都非常明确且彼此之间不交叉。该类属性相似度计算公式为：

$$S(s_a, s_b) = \begin{cases} 0, & s_a \neq s_b \\ 1, & s_a = s_b \end{cases} \qquad (6.5)$$

（2）数值型：该类情景特征要素属性值一般是精确的数值，可以取某一区间的任何数值。数值型要素属性相似度一般采用加权海明距离反函数方法进行计算，计算公式为：

$$S(s_a, s_b) = 1 - dist(s_a, s_b) = 1 - \frac{|s_a - s_b|}{Z_{ab}} \qquad (6.6)$$

在式 (6.6) 中，s_a，s_b 为情景特征要素属性值，Z_{ab} 为特征属

性 s_a，s_b 的取值范围：

$$Z_{ab} = \max(s_a, s_b) - \min(s_a, s_b) \tag{6.7}$$

（3）模糊型：模糊型变量是指，没有明确数值范围的区间边界模糊的变量，通常采用统计学中的隶属度函数算法计算模糊区间相似度，通过计算相邻属性隶属度函数曲线重叠部分阴影面积之比，得到模糊变量相似度。

6.4　非常规突发洪水关键情景检索过程

非常规突发洪水关键情景信息具有不确定性和缺失性，非常规突发洪水历史情景偏少，现有案例检索方法对历史案例资料数量要求较高，同时，对当前情景的信息完整度要求较高，导致对专家历史经验的利用度十分有限。因此，非常规突发洪水关键情景检索需要采用全新方法，才能满足应急需求。

杨剑波（2006，2012）在传统产生式知识表达和模糊集合理论的基础上，提出了一种称为置信规则的全新规则表达方法，并以规则库的形式存储置信规则，即基于证据推理的置信规则库推理方法（belief rule-base inference methodology using the evidential reasoning approach，RIMER）。在置信规则中，每条规则的结果以分布式结构呈现，并按照不同分布设定相应置信度。置信规则库通过合理利用精确数据、模糊数据及未知信息，依据专家知识或相关领域专业知识收集、建立条件）—结果（IF-THEN）规则，然后，根据观测信息利用规则库得出推理结论。

本节引入杨剑波（2006，2012）基于证据推理的置信规则库推理方法，解决非常规突发洪水关键情景检索的特有问题，计算当前情景与历史情景要素属性间相似度，建立情景要素相似度置信规则库，利用置信规则库进行案例情景相似度推理，选取相似度高于阈值的历史情景，提取相似度最高的历史情景对应的应急方案，作为解决当前非常规突发洪水事件情景的应急决策辅助方案。

6.4.1　关键情景的界定

非常规突发洪水应急过程中存在一些关键情景，在关键情景中往往需要制定重大决策，比如，炸坝、泄洪、蓄洪等，这些情景对于后续洪水应急起着至关重要的作用。同时，面对这些情景，一旦制定相应的应急管理措施，将会对社会、人民生活、财产等产生重大影响。在该类情景应急对策制定过程中，仅采用 CBR 方法检索相似历史情景远远不够，应当在专家经验基础上，对应急方案进行进一步筛选，检索出能够与当前情景高度相似且实施效果好的历史情景，用以辅助决策，确保决策科学、合理。

在非常规突发洪水情景演化过程中，关键情景主要是指，突发事件级别会显著地提高或降低、情景中的承灾载体受到严重影响、环境条件发生重大变化、应急管理活动会对后续情景产生重大影响等，关键情景对于非常规突发洪水事件的演化进程有重要影响，在洪水应急过程中起着决定性的作用。

6.4.2　关键情景检索流程

假设非常规突发洪水应急情景库中有情景集：$S = \{St_1, St_2, St_3, \cdots, St_n\}$，情景集 S 中包含 n 个情景类型 St，每个情景类型 St 中有 m 个历史情景案例，$ST_i = \{s_{i1}, s_{i2}, s_{i3}, \cdots, s_{im}\}$（$i \in n$），$s_{ij}$ 表示第 i 个情景类型的第 j 个历史情景案例。根据非常规突发洪水情景类型对非常规突发洪水历史情景案例进行分类，快速缩小检索范围。利用本章第三节提到的属性相似度计算方法，计算当前目标情景与历史情景库中情景的特征属性相似度，结合 RIMER 计算目标情

景与历史情景库中情景的综合相似度，基于预先设置的相似度阈值
筛选有效相似历史情景集，最后，利用证据推理方法和基于专家经
验知识而构建的规则库，筛选出最相似的历史情景，选择该历史情
景对应的应急方案，结合当前情景特征进行应急方案制定，确保为
非常规突发洪水关键情景的应对提供最合理的历史经验支持。基于
RIMER 的非常规突发洪水情景检索过程，如图 6.4 所示。

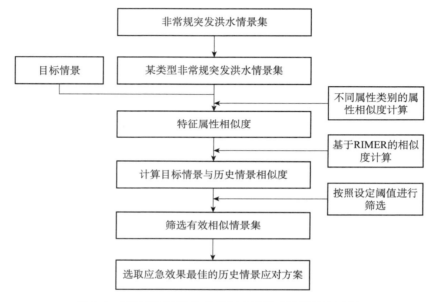

图 6.4　基于 RIMER 的非常规突发洪水情景检索过程
资料来源：笔者根据杨剑波（2006）的相关内容整理绘制而得。

6.4.3　基于 RIMER 的情景检索求解过程

基于 RIMER 的非常规突发洪水应急情景检索过程的基本思想
是，在基于知识元构建的情景层，通过专家经验、历史案例而建立
置信规则库，将非常规突发洪水情景特征属性相似度作为输入信
息。输入信息、前提属性权重、规则权重 3 个要素共同决定置信规
则库中的激活规则，通过证据推理方法对激活规则进行融合，最终

输出非常规突发洪水情景整体相似度。

1. 建立置信规则库

置信规则库由前提属性、规则结论及规则权重组成，通过置信规则库系统对推理知识进行表达，置信规则库也可以看作由多条具有信度的 IF-THEN 规则构成。基于置信结构的规则库，如表 6.1 所示，第 k 条规则 R_k 使用 IF-THEN 规则描述为：

$$R_k: \text{if} \quad A_1^k \wedge A_2^k \wedge \cdots \wedge A_M^k,$$

$$\text{then}\{(D_1, \beta_{1,k}), (D_2, \beta_{2,k}), \cdots, (D_N, \beta_{N,k})\} \quad (6.8)$$

在式（6.8）中，$A_i^k(i=1, 2, \cdots, M, k=1, 2, \cdots, L)$ 表示第 k 条规则中 i 个前提属性的可选值，L 表示该置信规则库中总的规则数，θ_k 表示第 k 条规则的权重，M 则表示第 k 条规则中前提属性 A_m 的数量，$\delta_{i,k}$ 表示前提属性的权重，结论中 $\beta_{j,k}(j=1, 2, \cdots, N)$ 表示第 k 条规则中评价等级 Dj 的置信度。

表 6.1   **基于置信结构的规则库**

规则编号	规则权重	前提属性				结论			
		$A_1(\delta_{1,k})$	$A_2(\delta_{2,k})$	$\cdots$	$A_M(\delta_{M,k})$	D_1	D_2	$\cdots$	D_N
1	θ_1	$A_1(\delta_{1,1})$	$A_2(\delta_{2,1})$	$\cdots$	$A_M(\delta_{M,1})$	$\beta_{1,1}$	$\beta_{2,1}$	$\cdots$	$\beta_{N,1}$
2	θ_2	$A_1(\delta_{1,2})$	$A_2(\delta_{2,2})$	$\cdots$	$A_M(\delta_{M,2})$	$\beta_{1,2}$	$\beta_{2,2}$	$\cdots$	$\beta_{N,2}$
$\vdots$	$\vdots$	$\vdots$	$\vdots$	$\vdots$	$\vdots$	$\vdots$	$\vdots$	$\vdots$	$\vdots$
L	θ_L	$A_1(\delta_{1,L})$	$A_2(\delta_{2,L})$	$\cdots$	$A_M(\delta_{M,L})$	$\beta_{1,L}$	$\beta_{2,L}$	$\cdots$	$\beta_{N,L}$

资料来源：笔者根据杨剑波（2006）及式（6.8）的相关信息整理而得。

2. 激活权重设置

输入信息 x 对第 k 条规则的激活权重公式为：

$$\omega_k = \frac{\theta_k \prod_{i=1}^{M} (\alpha_i^k)^{\overline{\delta_i}}}{\sum_{i=1}^{L} \theta_l \prod_{i=1}^{M} (\alpha_i^l)^{\overline{\delta_i}}} \quad (6.9)$$

在式（6.9）中，$\overline{\delta}_i = \dfrac{\delta_i}{\max\limits_{i=1,2,\cdots,M}\{\delta\}}$，$\alpha_i^k$ 为第 k 条规则中输入值的匹配度，表示第 k 条规则中第 i 个输入 xi 相对于参考值 A_i^k 的置信度。当 ω_k 为 0 时，表示第 k 条规则未被激活；否则，该条规则被激活。

3. 利用证据推理方法融合激活规则

RIMER 利用置信结构建立混合的规则库系统，在规则库中利用证据推理（ER）方法实现规则推理，证据推理方法处理混合评估信息的过程十分严密且结论合理，因此，利用证据推理方法来合成置信规则是严格且有效的。

（1）构造基本概率分配函数。

$$m_{n,k} = \omega_k \beta_{n,k} \tag{6.10}$$

$$m_{R,k} = 1 - \sum_{n=1}^{N} m_{n,k} = 1 - \omega_k \sum_{n=1}^{N} \beta_{n,k} \tag{6.11}$$

$$\overline{m}_{R,k} = 1 - \omega_k \tag{6.12}$$

$$\widetilde{m}_{R,k} = \omega_k \left(1 - \sum_{n=1}^{N} \beta_{n,k}\right) \tag{6.13}$$

（2）对规则进行证据组合。

假设前 S 条规则被激活，通过以下计算过程对激活的各条规则进行逐条融合，其中，$m_{n,E(k)}$、$\overline{m}_{R,E(k)}$、$\widetilde{m}_{R,E(k)}$ 为综合前 k 条规则的结果，并规定三个参数的初始化数值为：$m_{n,E(1)} = m_{n,1}$，$\overline{m}_{R,E(1)} = \overline{m}_{R,1}$，$\widetilde{m}_{R,E(1)} = \widetilde{m}_{R,1}$。

$$m_{n,E(k+1)} = K_{E(k+1)}\left(m_{n,E(k)} m_{n,k+1} + m_{n,E(k)} m_{R,k+1} + m_{R,E(k)} m_{n,k+1}\right) \tag{6.14}$$

$$\overline{m}_{R,E(k+1)} = K_{E(k+1)}\left(\overline{m}_{R,E(k)} \overline{m}_{R,k+1}\right) \tag{6.15}$$

$$\widetilde{m}_{R,E(k+1)} = K_{E(k+1)}\left(\widetilde{m}_{R,E(k)} \widetilde{m}_{R,k+1} + \widetilde{m}_{R,E(k)} \overline{m}_{R,E(k)} + \overline{m}_{R,E(k)} \widetilde{m}_{R,k+1}\right) \tag{6.16}$$

$$K_{E(k+1)} = \left(1 - \sum_{n=1}^{N} \sum_{t=1, t \neq l}^{N} m_{n, E(k)} m_{t, k+1}\right)^{-1} \tag{6.17}$$

（3）置信度计算

$$\{D_n\}: \beta_n = \frac{m_{n, E(s)}}{1 - \overline{m}_{R, E(k+1)}} \tag{6.18}$$

$$\{D\}: \beta_R = \frac{\widetilde{m}_{R, E(s)}}{1 - \overline{m}_{R, E(s)}} \tag{6.19}$$

在式（6.18）、式（6.19）中，β_n 表示相对于评价结果 Dn（n = 1，2，…，N）的整合置信度；β_R 表示在评估过程中的不完全程度，即没有设置任意评价结果 Dn（n = 1，2，…，N）的置信度。S(x) = {（D_1，β_1），（D_2，β_2），…，（D_N，β_N），（D，β_R）} 构成了最终输出结果，且 $\sum_{n=1}^{N} \beta_n + \beta_R = 1$。

4. 计算相似度，选取最相似历史情景，生成应急辅助方案

通过指标聚集，计算得出基于置信结构的相似度表达方式：S(x) = {（D_1，β_1），（D_2，β_2），…，（D_N，β_N），（D，β_R）}，展示对相似情景在总辨识框架上的基本概率，无法明确得出情景相似度。比如，对某个历史情景与当前情景的相似度评价集为 {强，中，弱}，通过计算得到基于置信结构的相似度为 {（强相似，0.751），（中相似，0.205），（弱相似，0.044）}，而另一个历史情景与当前情景的相似度评价集通过计算为 {（强相似，0.832），（中相似，0.102），（弱相似，0.066）}，此时，两个情景的相似度高低仍然无法进行对比，通常用效用值来将结果明确化。

假设单个评价结果 D_n 的效用为 $\mu(D_n)$，设 $\mu(y(a_l))$ 表示评价对象 a_l 对于总属性 y 的期望效用值，设定各评价等级所对应的量化效用值，通过汇总将总属性评价值转换成效用值，当评价信息完整时，$\beta_R = 0$，最终期望效用为：

$$\mu(y(a_1)) = \sum_{n=1}^{N} \mu(D_n)\beta_n \qquad (6.20)$$

如果 $\beta_R \neq 0$，表示评价信息不完整，一般通过计算评价对象总属性评价值的效用最小值 μ^-、效用最大值 μ^+ 和平均效用值 $\overline{\mu}$ 来评价某一情景 s_{im} 的总效用值。其中，最大效用值是将不确定性的总置信度 $\beta_R(s_{im})$ 的效用值设定为最优评价等级 Dn 的效用值 $\mu(Dn)$ 并计算得到 $\mu(y(a_1))$，最小效用值是将不确定性的总置信度 $\beta_R(s_{im})$ 的效用值设定为最差评价等级 Dn 的效用值 $\mu(Dn)$ 并计算得到 $\mu(y(a_1))$：

$$\mu^+(y(a_1)) = \sum_{n=1}^{N} \mu(D_n)\beta_n + \beta_R\mu(H_1) \qquad (6.21)$$

$$\mu^-(y(a_1)) = \sum_{n=1}^{N} \mu(D_n)\beta_n + \beta_R\mu(H_N) \qquad (6.22)$$

$$\overline{\mu}(y(a_1)) = \frac{\mu^+(y(a_1)) + \mu^-(y(a_1))}{2} \qquad (6.23)$$

在式（6.21）、式（6.22）中，H_1 为最优评价等级，H_N 为最差评价等级。

根据上述公式将总属性的评价值转换成效用值后，就可以对评价对象的相似度进行排序，从而选出最相似的历史情景，将最相似历史情景对应的应急管理方案提供给应急决策人员，为当前情景的应急决策提供最准确的参考。

6.5　本章小结

基于置信规则结构的知识表达机制，可以灵活且更符合实际地表达模糊信息、不完全信息和未知信息等，在非常规突发洪水发生初期，很多信息难以在短时间内获得，存在大量不确定数据信息，如果直接采用普通案例检索方法，将无法保证检索案例的准确度，利用基于置信库结构的证据推理方法将专家知识及时介入，有效地保证历史案例信息的充分利用。RIMER 借助置信规则库能够处理非常规突发洪水过程中各关键因素之间的复杂非线性关系，克服普通案例检索方法仅利用单一来源案例信息的缺点，将案例信息与专家知识结合，实现定量数据与定性知识的有效结合。

第 7 章

淮河流域非常规突发洪水
应急管理方案制定实例验证

7.1 淮河流域概况

淮河发源于河南省桐柏山，自西向东流经河南、湖北、安徽、江苏4省，主流在江苏扬州三江营入长江，全长约1 000千米，总落差200米。淮河下游主要有入江水道、入海水道、苏北灌溉总渠、分淮入沂水道和废黄河等。淮河上游河道比降大，中下游比降小，干流两侧多为湖泊、洼地，支流众多，整个水系呈扇形羽状不对称分布。沂沭泗河水系位于流域东北部，由沂河、沭河、泗运河组成，均发源于沂蒙山区，主要流经山东、江苏两省，经新沭河、新沂河东流入海。两大水系间有京杭运河、分淮入沂水道和徐洪河连通。

淮河流域是南北气候、高低纬度和海陆相三种过渡带的重叠地区，洪水灾害频繁。特别是1194年黄河南决夺淮以后，洪涝灾害加剧。据统计，在黄河夺淮以前的1379年内流域共发生洪涝灾害175次，平均每8年发生1次。1194～1855年，黄河夺淮期间，共发生较大洪水灾害119次（不含黄河决溢水灾149次），平均5.6年发生1次。1856～1948年的93年中，共发生洪涝灾害85次，平均1.1年发生1次洪涝灾害。

1949年以来，虽然淮河经过系统治理，非常规突发洪水造成的损失显著减少，但特定的地理特征及气候特征、不对称的水系分布等自然条件难以改变，淮河出现水灾的概率仍然较大。如1954年、1991年、2003年和2007年流域性大洪水和1957年、1968年、1975年、1982年、1983年区域性大洪水。20世纪以来淮河流域主要非常规突发洪水事件，如表7.1所示。

表7.1　　　　20 世纪以来淮河流域主要非常规突发洪水事件

发生时间	河流	代表站	洪峰流量（m³/s）	洪水特性
1921 年 6～11 月	淮河	蚌埠	15 100	洪水过程长达 5 个月，120 天洪量为 1866 年以来第一位
1931 年 7～8 月	全流域	鲇鱼山河段	6 500	五河以下水位高于 1954 年，蒋坝水位为 1855 年以来最高
1943 年 8 月	沙颍河	漯河	3 760	沙河上游和北汝河上游为暴雨洪水
1954 年 7 月	淮河	蚌埠	11 600	中渡 30 天洪量重现期为 54 年，淮北大堤决口
1968 年 7 月	淮河上游	淮滨	16 600	淮滨 15 天洪量重现期超 50 年
1975 年 8 月	洪河	石漫滩	30 500	石漫滩水库垮坝
	汝河	板桥	78 800	板桥水库垮坝
	沙河	官寨	14 700	—
1991 年 7 月	全流域	吴家渡	7 840	中渡 30 天洪量重现期为 15 年
2003 年 7 月	全流域	吴家渡	8 470	中渡 30 天洪量重现期为 26 年
2007 年 7 月	全流域	润河集	7 400	水位（27.82m）为历史最高

注："—"表示无内容。
资料来源：笔者根据淮河水利委员会网站资料整理而得。

淮河流域非常规突发洪水事件发生较为频繁，且具有跨界、复杂性等特征，因此，选择淮河流域作为实例进行验证具有一定的典型性。

7.2　淮河流域非常规突发洪水事件知识元系统构建

利用非常规突发洪水事件系统分解方法，结合《国家突发公共事件总体预案》《国家防汛抗旱应急预案》《国家自然灾害救助应急预案》《长江流域防汛抗旱应急预案》《淮河防汛抗旱总指挥部防汛抗旱应急预案》等，通过咨询专家对非常规突发洪水事件进行逐层分解。

因为非常规突发洪水事件极其复杂，为方便后续制定应急决策方案，所以，本书将非常规突发洪水事件分解到一定层面，并不是所有事件都分解为最小的事件单位，洪水基元事件即为关于洪水事件不能再分的基本子过程。淮河流域非常规突发洪水事件分解结构（节选），如图7.1所示。

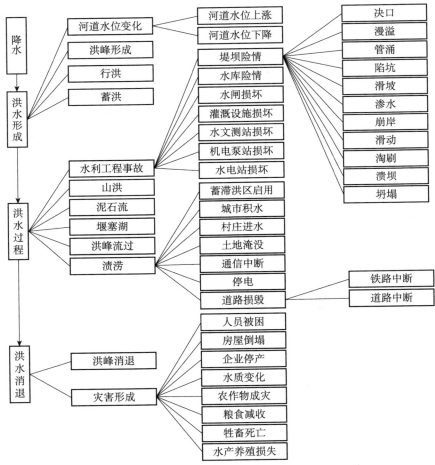

图7.1　淮河流域非常规突发洪水事件分解结构（节选）

资料来源：笔者根据《淮河防御洪水方案》整理绘制而得，https://www.gov.cn/zhengce/content/2008 – 03/28/content_2967.htm。

同时，对环境单元、承灾载体及应急活动进行分解，利用非常规突发洪水事件知识元模型、非常规突发洪水环境单元知识元模型、非常规突发洪水承灾载体知识元模型及非常规突发洪水应急管理活动知识元模型对淮河流域非常规突发洪水事件及各知识元之间的关系进行知识元实例化，从而构建淮河流域非常规突发洪水知识元系统。淮河流域非常规突发洪水知识元系统结构示意，如表 7.2 所示。

表 7.2　　　　淮河流域非常规突发洪水知识元系统结构示意

知识元模型与实体	知识元管理	知识元层级			知识元实体
应急知识元模型	对象知识元模型				
	属性知识元模型				
	关系知识元模型				
应急知识元实体结构	突发事件知识元	洪水形成	河道水位变化		
			洪峰形成		
			行洪		
			蓄洪	发布启用方案	
				人口财产转移	
				蓄洪区启用	蒙洼蓄洪区启用
				蓄洪区停用	
				蓄洪区补偿	
		……	……	……	……
	环境单元知识元				
	承灾载体知识元				
	应急活动知识元				

资料来源：笔者根据《淮河防御洪水方案》整理而得，https://www.gov.cn/zhengce/content/2008 - 03/28/content_2967.htm。

7.3　基于知识元的蒙洼蓄洪区启用情景构建

淮河流域非常规突发洪水涉及对象数量极为庞大，本书以淮河流域阜阳段为例，建立能够满足情景构建、情景检索及应急方案生成需要的知识元体系。在情景检索方面，选择淮河流域阜阳段最为关键的蒙洼蓄洪区启用情景为例，证明本书所研究的情景检索及应急方案生成方法的科学性与可行性。

蒙洼蓄洪区是淮河中上游第一座蓄洪库区，建于1953年，位于淮河干流洪河口以下至南照集之间阜南县境内，南临淮河，北临蒙河分洪道。蒙洼蓄洪区面积约为180.4平方千米，相应蓄洪库容达到7.5亿立方米，耕地面积约为1.32万公顷；蒙洼蓄洪区内总人口约为19.9万，涉及阜南县4个乡镇及阜蒙农场，蒙洼蓄洪区控制进洪闸为著名的王家坝闸。自蒙洼蓄洪区建成到2015年的63年，共有12年、15次开闸蓄洪，进洪概率约5年一遇，共造成蒙洼蓄洪区内直接经济损失35亿元。[①] 蒙洼蓄洪工程由淮河左堤和蒙河分洪道右堤，以及王家坝进洪闸和曹台子退水闸构成，蒙洼蓄洪区圈堤总长94.3千米。设计蓄洪水位27.7米，设计进洪流量1626m³/s，设计蓄洪库容7.5亿立方米。根据2007年发布的《国务院关于淮河防御洪水方案的批复》，蒙洼蓄洪区启用标准为：王家坝监测水位达到29.3米，且水位持续上涨，视水情、雨情及水利工程情况，适时启用蒙洼蓄洪区，保证有效地降低王家坝水位。当淮河干流王家坝水位低于29.3米时，不启用蒙洼蓄洪区，正常利用淮河河道进行行洪。[②] 2020年淮河大水，7月20日王家坝水位达到29.65米，超保证水位0.35米，蒙洼蓄洪区第16次开闸蓄洪，蓄洪前转移群众2000余人。7月26日关闸，76小时总蓄洪量3.75亿立方米。[③]

① 张春林，马之刚. 安徽省蒙洼蓄洪区管理现状及思考 [J]. 中国防汛抗旱，2011，21 (5)：62-63，74.

② 国务院关于淮河防御洪水方案的批复，http://www.gov.cn/zhengce/content/2008-03/28/content_2967.htm.

③ 安徽省水利厅. 抗洪"组合拳"书写人民至上的安徽答卷 [EB/OL]，http://slt.ah.gov.cn/public/21731/119405521.html.

基于知识元理论的情景构建方法，构建非常规突发洪水应急情景：

$$S_i = (E, C, H, Y, T) \ (i \in n) \tag{7.1}$$

在式（7.1）中，E 为事件集，C 为承灾载体集，H 为环境单元集，Y 为应急活动集，T 为情景单元 s_i 出现的时间集合，t_0（$t_0 \in T$）为初始情景 s_0 所在时刻。

以蒙洼蓄洪区启用情景为例，按照事件、承灾载体、环境单元及应急管理活动等知识元模型进行建模，并对知识元进行实例化，得到非常规突发洪水蓄洪区启用情景实例，如表 7.3 所示。

表 7.3　　　　　　　　　非常规突发洪水蓄洪区启用情景实例

情景单元	关键要素		属性名称	属性约束		
				p	d	f
S（蓄洪区启用）	事件信息		情景时刻	可描述		
			发生地点	可描述		
	环境单元		区域暴雨日数	可测度	天	
			区域3d累积最大降水量	可测度	mm	
			气温	可测度	℃	
	承灾载体	河道	水位	可测度	m	时变
			水位上涨率	可测度	cm/h	时变
			流量	可测度	m^3/s	时变
			流量上涨率	可测度	$m^3/(s \cdot h)$	时变
		水利工程	超规定水位运行行蓄洪区数量	可测度	个	
			堤防漫溢地点数量	可测度	个	

资料来源：笔者根据《国务院关于淮河防御洪水方案的批复》整理而得。

7.4　蒙洼蓄洪区启用历史情景检索

1. 情景库构建

目标情景为淮河流域特大洪水期间蒙洼蓄洪区启用情景 S′，历史情景库数据来自淮河流域委员会网站——淮河水利网，根据 1954～2007 年蒙洼蓄洪区 15 次启用实际情景，记为应急情景候选 集 S = {S₁，S₂，…，S₁₅}。

　　以蒙洼蓄洪区为例，基于构建的情景模型，对蒙洼蓄洪区 1954～2007 年 15 次启用情景进行实体化，得到蒙洼蓄洪区启用的 具体历史情景，2007 年蒙洼蓄洪区启用情景，如表 7.4 所示。筛选 情景中的关键属性，建立蒙洼蓄洪区启用情景库，如表 7.5 所示。

表 7.4　　　　　　　　　　2007 年蒙洼蓄洪区启用情景

情景单元	关键要素		属性名称	属性约束			属性值
				p	d	f	
S （蓄洪区 启用）	事件信息		情景时刻	可描述			蓄洪区 启用时刻
			发生地点	可描述			蒙洼蓄洪区
	环境单元		区域暴雨日数	可测度	天		8
			区域 3d 累积最大降水量	可测度	mm		1 378.5
			气温	可测度	℃		35
	承灾 载体	河道	水位	可测度	m	时变	29.48
			水位上涨率	可测度	cm/h	时变	8
			流量	可测度	m³/s	时变	5 930
			流量上涨率	可测度	m³/（s·h）	时变	110
		水利 工程	超规定水位运行行蓄洪区数量	可测度	个		0
			堤防漫溢地点数量	可测度	个		5

资料来源：笔者根据淮河水利委员会网站相关资料，http：//www.hrc.gov.cn/整理而得。

表 7.5　　　　　　　　　　蒙洼蓄洪区启用情景库

情景案例序号	发生时间	发生地点	区域暴雨日数（天）	区域 3d 累积最大降水量（mm）	气温（℃）	水位（王家坝水文站）（m）	水位上涨率（cm/h）	流量（m³/s）	流量上涨率（m³/s·h）	超规定水位运行行蓄洪区数（个）	堤防漫溢地点数量（个）
S1	1968 年 7 月 15 日 23 时	蒙洼蓄洪区	6	1 350.0	35	30.35	8	17 600	0	0	21

续表

情景案例序号	发生时间	发生地点	区域暴雨日数（天）	区域3d累积最大降水量（mm）	气温（℃）	水位（王家坝水文站）（m）	水位上涨率（cm/h）	流量（m³/s）	流量上涨率（m³/s·h）	超规定水位运行行蓄洪区数（个）	堤防漫溢地点数量（个）
⋮	⋮	⋮	⋮	⋮	⋮	⋮	⋮	⋮	⋮	⋮	⋮
S11	1991年6月15日15时	蒙洼蓄洪区	6	1 110.0	30	28.30	7	4 230	75	0	10
S12	1991年7月8日7时	蒙洼蓄洪区	7	960.0	34	29.25	6	5 520	90	17	10
S13	2003年7月3日1时	蒙洼蓄洪区	5	1 168.5	34	29.41	6	5 710	100	0	1
S14	2003年7月11日2时	蒙洼蓄洪区	7	966.9	35	28.79	8	4 530	80	4	1
S15	2007年7月10日12时	蒙洼蓄洪区	8	1 378.5	35	29.48	8	5 930	110	0	5

资料来源：笔者根据淮河水利委员会网站相关资料，http：//www.hrc.gov.cn/整理而得。

2. 置信规则库构建

依据情景相似度划分为高、中、低三个等级，将实际数据和专家知识作为输入信息，通过定性评价和定量评价转化为置信规则，假定规则库中各条规则权重相同，各条规则前提条件的相对权重相同，即 $\theta_k = \theta_l (l \neq k, l, k = 1, 2, 3, \cdots, L)$，$\delta_{1,k} = \delta_{M,k}$，构建带有信度结构的相似度评估规则库，如表7.6所示。基于知识元理论分解构建蓄洪区启用情景，选取情景内相关关键属性，通过咨询专家，构建蓄洪区启用情景相似度计算置信规则库系统，如图7.2所示。

表 7.6　　　　　　　　带有信度结构的相似度评估规则库

序号	前提条件	结论	序号	前提条件	结论
1	（c12 = 高）∧（c13 = 高）	c9{（A，0.9），（B，0.1），（C，0）}	3	（c12 = 高）∧（c13 = 低）	c9{（A，0.4），（B，0.2），（C，0.4）}
2	（c12 = 高）∧（c13 = 中）	c9{（A，0.7），（B，0.3），（C，0）}	4	（c12 = 中）∧（c13 = 高）	c9{（A，0.6），（B，0.4），（C，0）}

续表

序号	前提条件	结论	序号	前提条件	结论
5	(c12 = 中) ∧ (c13 = 中)	c9{(A, 0.3), (B, 0.6), (C, 0.1)}	13	(c14 = 中) ∧ (c15 = 高)	C10{(A, 0.75), (B, 0.25), (C, 0)}
6	(c12 = 中) ∧ (c13 = 低)	c9{(A, 0.1), (B, 0.4), (C, 0.5)}	14	(c14 = 中) ∧ (c15 = 中)	C10{(A, 0.2), (B, 0.7), (C, 0.1)}
7	(c12 = 低) ∧ (c13 = 高)	c9{(A, 0.4), (B, 0.2), (C, 0.4)}	15	(c14 = 中) ∧ (c15 = 低)	C10{(A, 0.1), (B, 0.4), (C, 0.5)}
8	(c12 = 低) ∧ (c13 = 中)	c9{(A, 0.1), (B, 0.3), (C, 0.6)}	16	(c14 = 低) ∧ (c15 = 高)	C10{(A, 0.2), (B, 0.0.2), (C, 0.6)}
9	(c12 = 低) ∧ (c13 = 低)	c9{(A, 0), (B, 0.1), (C, 0.9)}	17	(c14 = 低) ∧ (c15 = 中)	C10{(A, 0), (B, 0.5), (C, 0.5)}
10	(c14 = 高) ∧ (c15 = 高)	C10{(A, 0.9), (B, 0.1), (C, 0)}	18	(c14 = 低) ∧ (c15 = 低)	C10{(A, 0), (B, 0.3), (C, 0.7)}
11	(c14 = 高) ∧ (c15 = 中)	C10{(A, 0.8), (B, 0.2), (C, 0)}	19	(c16 = 高) ∧ (c17 = 高)	C10{(A, 0.9), (B, 0.1), (C, 0)}
12	(c14 = 高) ∧ (c15 = 低)	C10{(A, 0.4), (B, 0.1), (C, 0.5)}	……	……	……

注：共有 117 条规则，因为篇幅有限，所以，仅列出部分规则。

资料来源：笔者通过调研、访谈相关专家整理而得。

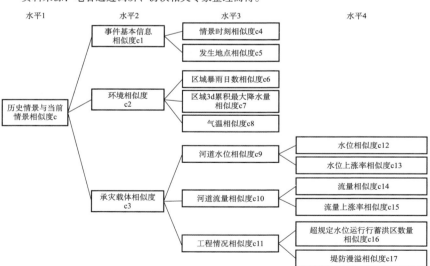

图 7.2　蓄洪区启用情景相似度计算置信规则库系统

资料来源：笔者绘制。

3. 证据推理与相似度计算

为演示情景相似度的计算过程，按照蒙洼蓄洪区启用情景知识元结构，对当前情景 S' 的各个属性进行赋值，计算当前情景 S' 与 2007 年历史情景 S15 中各个属性的相似度，并将各个属性间的相似度转化为分布式评价等级（高、中、低）。对目标案例情景 S' 和情景 S15，根据知识元层面属性相似度计算，得出属性 c4、c5、c6、c7、c8、c12、c13、c14、c15、c16、c17 的相似度，利用 RIMER 方法自下而上的证据推理进行目标案例情景 S' 和情景 S15 的相似度计算。基于 RIMER 的案例情景相似度计算过程，如表 7.7 所示。

表 7.7　　　　　　　　基于 RIMER 的案例情景相似度计算过程

输入信息	输入转化为分布式评价				输出结果			
	高	中	低		高	中	低	
子规则库 1	c12 = 0.90	0.800	0.200	0	c9	0.848	0.150	0.002
	c13 = 0.87	0.740	0.260	0				
子规则库 2	c14 = 0.94	0.880	0.120	0	c10	0.637	0.182	0.181
	c15 = 0.28	0	0.560	0.440				
子规则库 3	c16 = 0.60	0.20	0.800	0	c11	0.475	0.478	0.047
	c17 = 0.70	0.40	0.600	0				
子规则库 4	c9	0.848	0.150	0.002	c3	0.718	0.224	0.058
	c10	0.637	0.182	0.181				
	c11	0.475	0.478	0.047				
子规则库 5	c6 = 0.80	0.600	0.400	0	c2	0.783	0.190	0.027
	c7 = 0.96	0.920	0.080	0				
	c8 = 0.86	0.720	0.280	0				
子规则库 6	c4 = 1	1	0	0	c1	1.000	0	0
	c5 = 1	1	0	0				
结果	c1	1	0	0	c	0.920	0.069	0.011
	c2	0.783	0.190	0.027				
	c3	0.718	0.224	0.058				

资料来源：笔者根据淮河水利委员会网站相关资料 . http：//www. hrc. gov. cn/应用 Matlab 软件计算整理而得。

　　假设相似度评价结果输出各等级效用值设定为：$\mu(高)=0.9$，

$\mu(中)=0.6$，$\mu(低)=0.3$，根据公式 $\mu(y(a_1))=\sum\limits_{n=1}^{N}\mu(D_n)\beta_n$，计

算当前情景 S' 与历史情景 S15 的相似度为：

　　$Sim(S',S15)=0.92\times0.9+0.069\times0.6+0.011\times0.3=0.873$

　　其他历史情景的相似度计算与此相同，计算过程可在计算机辅
助决策系统中实现，本书仅为验证此方法的有效性，其他情景的相
似度计算过程不再详述，以此计算当前情景与其他历史情景的相似
度。淮河流域及相关区域的发展，假定两个历史情景与当前情景的
相似度一致时，取与当前时间更近的历史情景，同时，参考两个历
史情景应急方案的效果，选定最优历史情景对应的应急方案作为当
前情景应对的参考。

7.5　蒙洼蓄洪区启用方案制定

　　经计算，当前情景 S' 与 2007 年蒙洼蓄洪区启用情景 S15 相似度
最高，则将 2007 年蒙洼蓄洪区启用情景中的应急管理活动作为当前
情景应急方案的主要参考。据前建立的非常规突发洪水应急管理知
识元模型，对蒙洼蓄洪区启用管理活动进行实体化。

　　非常规突发洪水应急管理知识元模型为：

$$K_y=(N_y,\ A_y,\ R_y) \qquad\qquad (7.2)$$

$$N_y=(Y_{id},\ Y_{name}) \qquad\qquad (7.3)$$

$$A_y=(A_y^{zt},\ A_y^{kt},\ A_y^{cz},\ A_y^{jg},\ A_y^{ys},\ A_y^{sj},\ A_y^{dd},\ A_y^{zt}) \qquad (7.4)$$

$$K_{ry}=(p_{ry},\ A_{ry}^I,\ A_{ry}^O,\ f_{ry}) \qquad \forall\,ry\in R_y \qquad (7.5)$$

　　在式（7.2）~式（7.5）中，N_y 表示应急管理活动知识元的名
称及描述，A_y 表示应急管理活动知识元的属性状态集，R_y 表示应
急管理活动知识元的关系集。

Y_{id} 表示应急管理活动的唯一标识，用于非常规突发洪水应急管理活动的存储与调用；

Y_{name} 表示非常规突发洪水应急管理活动名称。

A_y^{zt}，A_y^{kt}，A_y^{cz}，A_y^{jg}，A_y^{ys}，A_y^{sj}，A_y^{dd}，A_y^{zt} 等分类属性共同构成了应急管理活动知识元 A_y 的属性集，其中，A_y^{zt} 表示应急管理活动知识元的应急主体集，A_y^{kt} 表示应急管理活动知识元的应急客体集，A_y^{cz} 表示应急管理活动知识元的应急操作集，A_y^{jg} 表示应急管理活动知识元的结果集，A_y^{ys} 表示应急管理活动知识元的应急约束集，A_y^{sj} 表示应急管理活动知识元的时间集，A_y^{dd} 表示应急管理活动知识元的地理位置集，A_y^{zt} 表示应急管理活动知识元的状态集。

K_{ry} 表示应急管理活动知识元属性之间的关系知识元，p_{ry} 表示应急管理活动基本单元 ry 的映射属性描述，A_{ry}^{I} 表示关系的输入属性，A_y^{zt}，A_y^{kt}，$A_y^{ys} \in A_{ry}^{I}$，A_{ry}^{O} 表示关系的输出属性，$A_y^{jg} \in A_{ry}^{O}$，f_{ry} 表示具体的函数关系，有 $A_{ry}^{O} = f_{ry}(A_{ry}^{I})$。

2007 年蒙洼蓄洪区启用应急管理活动知识元实体化为：

$$K_{蒙洼蓄洪区启用} = (N_y, A_y, R_y) \tag{7.6}$$

$$N_y = (Y_{id}, Y_{name}) = (2007071001, 蒙洼蓄洪区启用)$$

$$A_y = (A_y^{zt}, A_y^{kt}, A_y^{cz}, A_y^{jg}, A_y^{ys}, A_y^{sj}, A_y^{dd}, A_y^{zt}) \tag{7.7}$$

（1）应急管理活动知识元的应急主体集 $A_y^{zt} = $（国家防汛抗旱总指挥部，淮河流域防汛抗旱总指挥部，安徽省防汛抗旱指挥部），根据国务院批准的《淮河防御洪水方案》，蒙洼蓄洪区的启用由淮河流域防汛抗旱总指挥部协商安徽省提出意见，报国家防汛抗旱总指挥部决定。当年再次启用由淮河流域防汛抗旱总指挥部决定，报国家防汛抗旱总指挥部备案，由安徽省防汛抗旱指挥部负责组织实施蒙洼蓄洪区的分洪启用。

（2）应急管理活动知识元的应急客体集 $A_y^{kt} = $（王家坝进洪闸，

曹台孜退洪闸，王家坝镇，老观镇，曹集镇，郜台乡，阜蒙农场），蒙洼蓄洪区以王家坝进洪闸、曹台孜退洪闸、淮河左堤、蒙河分洪道右堤构成蓄洪圈堤，一旦开启蓄洪，圈堤内的 180.4 平方千米面积内的王家坝镇、曹集镇、老观镇及郜台乡等 3 镇 1 乡及 1 个农场将全部被洪水淹没，涉及人口 19 万多人，耕地 20 万亩。

（3）应急管理活动知识元的应急操作集 A_y^{cz} =（蓄滞洪区启用预警，汛情通告，群众转移安置，调配生活保障物资，开展卫生防疫工作，正式启用蓄滞洪区）。

蓄滞洪区启用预警：淮河水利委员会防汛抗旱总指挥部 2007 年 7 月 9 日，王家坝闸的水位持续快速上涨，国家防汛抗旱总指挥部和淮河水利委员会防汛抗旱总指挥部作出指示，启动防汛 Ⅱ 级应急响应，要求安徽省各级防汛部门，随时做好开启王家坝闸的准备，向蒙洼蓄洪区分洪，通过行蓄洪降低淮河干流水位，保障淮河中下游安全。①

汛情通告：安徽省防汛抗旱指挥部坚持每天 16：00 召开新闻发布会，18：30 在电视新闻发布汛情通告，及时发布雨情、水情。

群众转移安置：做好蓄洪区群众通知、转移工作，公安部门依法维持秩序，安全转移了 3 000 多名群众。

展开卫生防疫工作：调集和储备必要的防护器材、消毒药品、备用电源和抢救伤员必备的器械等，以备随时应用。组织卫生部门加强受影响地区的疾病和突发公共卫生事件监测、报告工作，落实各项防疫措施，并派出医疗小分队，对伤病人员和受灾群众进行紧急救护。

正式启用蓄滞洪区：按国家防汛抗旱总指挥部调度令，王家坝闸于 2007 年 7 月 10 日 12：28 开启向蒙洼蓄洪区进洪，开闸时王家坝闸水位 29.48 米，开闸后仍一路上扬至 29.59 米，与 1954 年洪水位持平。

（4）应急管理活动知识元的应急约束集 A_y^{ys} =（启用条件，设计蓄洪量，启用权限，居民生产生活条件）。

启用条件：根据国务院批复的《淮河洪水调度方案》，当王家坝水位达到 29.00 米，且有持续上涨趋势时，开启王家坝闸启用蒙洼蓄洪区蓄洪。

设计蓄洪量：蒙洼蓄洪区设计蓄滞洪量为 7.5 亿立方米。

启用权限：蒙洼蓄洪区的启用由淮河防汛总指挥部协商安徽省提出意见，报国家防汛抗旱总指挥部决定。

居民生产生活条件：蒙洼蓄洪区启用时，转移群众、调配物资等操作受到居民生产生活条件的约束，直接影响蒙洼蓄洪区启用的时间及后果。蒙洼蓄洪区内居民生产生活条件概述如下：

蒙洼蓄洪区人口居住较为分散，群众主要依靠庄台避洪。人口约 19.9 万，庄台数 131 个，保庄圩数 5 个，撤退道路 8 条，庄台深水井 26 口，排涝站 4 个。

（5）应急管理活动知识元的结果集 A_y^{jg} =（降低河道水位，蓄洪水量，淹没土地，人口受灾，水利工程损毁，经济损失）。

2007 年 7 月 10 日 12 时 28 分 ~ 7 月 12 日 9 时 52 分，降低王家坝站水位 0.10 ~ 0.20 米，降低王家坝以下河段水位 0.10 米。蓄洪量 2.5 亿立方米；淹没 18 万亩庄稼和水产养殖，淹毁新栽的树林，损坏交通道路、通信设施等，直接经济损失约 6 亿元。[①]

（6）应急管理活动知识元的时间集 A_y^{sj} =（启用时刻，启用时长），2007 年 7 月 4 日 8 时，淮河王家坝闸水位已达 27.79 米，并持

---

① 阜南县蒙洼蓄洪区运用预案，https：//www.funan.gov.cn/xxgk/detail/5e08142c28c8b2e7b910d110.html.

续上涨。7月4日10时，王家坝闸水位已涨至27.83米，超过警戒水位（27.50米）0.33米，流量为3 190立方米/秒。7月10日12：28，王家坝水位为29.48米，开启王家坝闸向蒙洼蓄洪区进洪，正式启用蒙洼蓄洪区，开闸蓄洪时间共45小时24分。

（7）应急管理活动知识元的地理位置集 A_y^{dd} =（涉及流域，涉及省（区、市），涉及市，涉及县镇），蒙洼蓄洪区位于淮河流域安徽省阜阳段，主要涉及阜南县的王家坝镇、老观镇、曹集镇、郜台乡3镇1乡。

（8）应急管理活动知识元的状态集 A_y^{zt} =（准备实施，正在实施，停止实施）。

$$K_{ry} = (p_{ry}, A_{ry}^{I}, A_{ry}^{O}, f_{ry}) \tag{7.8}$$

因为在应急管理预案中每项应急管理活动有明确的主客体及操作规定，所以，应急管理活动中各属性间的关系，在此不再详述。

通过建立非常规突发洪水应急活动知识元模型，对2007年7月10日蒙洼蓄洪区启用方案进行了详细描述与梳理，更加清晰而明确地对蒙洼蓄洪区启用管理活动进行表达。针对虚拟情景 S'，淮河流域防汛抗旱总指挥部在2007年7月10日蒙洼蓄洪区启用方案的基础上，结合当前的雨情、工情及水情，同时考虑蒙洼蓄洪区内居民生产条件、生活条件的变化状况，对2007年7月10日的应急管理方案进行修改调整，制定最符合形势的应对方案。

7.6　应用效果评价及应急管理对策建议

1. 基于知识元的非常规突发洪水应急管理体系的应用效果评价

通过对于淮河流域阜阳段蒙洼蓄洪区启用应急方案制定过程的

实例验证，将基于知识元的非常规突发洪水应急管理体系应用于非常规突发洪水应急实践中，能够针对非常规突发洪水发生频率低、影响范围大的特征进行辅助应急决策。

（1）利用知识元实现非常规突发洪水事件系统的知识表达，提高了洪水应急决策知识共享水平。

通过扩展知识元模型，建立非常规突发洪水事件知识元模型、非常规突发洪水承灾载体知识元模型、环境单元知识元模型、应急管理活动知识元模型，并对四类知识元之间的关系进行分析，构建淮河流域非常规突发洪水知识元系统。在知识元模型基础上，通过对知识元模型实例化、实体化，得到具体事物对象知识元及具体事物对象，实现对非常规突发洪水事件领域知识的通用表达。一方面，通过知识元模型实现了洪水领域知识的通用表达，实现淮河流域非常规突发洪水事件知识的有效管理，有力地解决了非常规突发洪水应急决策过程中知识异构、语义不一致等问题；另一方面，通过实现情景构建与有效存储，帮助应急决策者从情景库中快速、准确地对情景进行检索，以提高应急反应效率。

（2）基于知识元的非常规突发洪水事件演化及情景检索技术，能够提高应急管理决策的科学性和有效性。

非常规突发洪水事件具有时间紧、信息缺乏以及致灾范围较广等特点，因此，本书基于知识元建立多种洪灾情景，能够在小样本数据基础上，计算发生频率小的非常规突发洪水演化风险，结合历史案例及专家知识，能够更加精确地检索出与当前情景最为相似的情景，为应急决策者提供充分的应急准备，帮助应急决策者制定科学、合理的应急策略。

（3）基于知识元的非常规突发洪水应急管理体系，能够更加清晰地表达应急决策方案，更加有效地为应急决策方案的制定提供支持。

在知识元层面，当关键情景检索到最优历史情景时，基于知识元模型表达的历史情景应急方案十分明确且全面，应急主体、应急客体、应急活动及应急效果非常清楚，为制定当前情景的应急方案提供了充足且有效的支持，极具参考意义和借鉴意义，帮助有效制定及优化应急方案，确保决策科学、合理。

2. 淮河流域蒙洼蓄洪区应急管理对策建议

通过对淮河流域蒙洼蓄洪区启用情景集、启用方案的梳理，并利用知识元模型对蒙洼蓄洪区启用情景及应对方案进行表达，结合基于知识元的非常规突发洪水应急管理体系的应用情况，针对淮河流域蒙洼蓄洪区应急管理提出以下三点对策建议。

（1）加强洪水应急信息管理平台及防汛决策指挥系统建设。

洪水应急信息管理平台的完善程度深刻影响非常规突发洪水应急决策效果，洪水应急决策辅助系统的有效使用建立在获取和共享应急信息的基础上。目前，淮河流域水情、工情、灾情信息采集系统、防汛决策支持系统的作用仍需进一步发挥。对于蒙洼蓄洪区而言，降水预测、河道水位和流量等信息是蒙洼蓄洪区启用与管理的基础资料，应进一步加强洪水灾害信息系统的建设和完善，构建流域水灾害应急信息共享平台，利用先进的信息技术、遥感技术，充分利用哨兵一号卫星、哨兵二号卫星和高分系列卫星影像作为数据源，加大对雨情、水情、工情、灾情等信息的采集力度，强化洪涝动态监测的时效性，及时监测洪涝灾害发生期间受灾区域的空间变化特征、受灾区域的时间变化特征、各土地利用类型受灾情况的时空变化特征，及时为决策者提供准确的信息，帮助决策者研判当前形势，明确当前情景状态，以制定最为科学、合理的应急管理对策。加强防汛决策指挥系统建设，充分利用公共通信网络，建设重点防洪工程骨干通信网，建立防汛异地会商系统和重点防洪工程、重要水情监视点图像监视系统，建立完善洪涝旱灾害信息发布、水雨情信息发布、洪水预报、河道洪水演进、灾害评估为一体的防汛决策指挥平台。研究绘制本地区的分蓄洪区洪水风险图、流域洪水风险图，以各类洪水风险图、干旱风险图作为抗洪抢险救灾、群众安全转移安置和救灾决策的技术依据。

（2）明确蓄洪区内管理与建设的执行主体，完善责任机制。

在对蒙洼蓄洪区应急管理活动进行知识元建模过程中，要求每项应急管理活动主体必须非常明确，但蒙洼蓄洪区是一个复杂的特殊区域，管理涉及水利、国土、农业、交通、教育等多个部门，是一个社会区域单元，蒙洼蓄洪区内管理包括各级政府对整个区域的社会管理和蓄洪工程管理及其他专业管理。目前，蒙洼蓄洪区没有统一的管理机构，为职能分散管理模式。因为各部门管理目标不完全一致，所以，职能分散管理容易导致各部门利益、权限、职责间的矛盾和冲突。蓄洪区部分活动的执行主体并不明确，如在群众转移过程中，安全撤离设施的建设与管理由地方政府负担，但并没有具体明确负责机构、负责人员；避洪设施的日常管理主体也不明确，特别是一些小型安全设施更为突出。建议成立由省级政府领导、淮河流域水利委员会、相关职能部门参与的蒙洼蓄洪区协调管理委员会，承担对蒙洼蓄洪区规划、启用、救助、土地开发利用、人口管理控制、适应性产业和灾后恢复生产、生活等相应职责，严格控制群众在不安全地区居住。在蒙洼蓄洪区启用时，负责统一协调蒙洼蓄洪区群众撤退和安置的实施，为群众提供生活保障，做到科学地启用和管理蒙洼蓄洪区。淮河流域机构与省、市、县行政主管部门加强行业指导。

（3）建立关键情景筛选及常态跟踪管理机制。

对于淮河流域非常规突发洪水事件的应急管理而言，蒙洼蓄洪区的启用是关键情景；对于蒙洼蓄洪区蓄洪而言，及时转移群众，保障人民生命财产安全是关键情景。蒙洼蓄洪区属于启用频率较高的蓄洪区，就地获得防洪安全设施更符合群众的需要，必须加强庄台、保庄圩及避洪楼的建设，撤退避洪同样需要重视。在对应急管理活动进行知识元建模过程中发现，蒙洼蓄洪区的撤退道路仅有 8 条，道路密度为 440 米/平方千米，道路密度远不能满足来洪时群众撤退的需求，已成为转移群众过程中明显的约束条件。因此，对于蒙洼蓄洪区管理部门来说，必须提前明确相关关键情景、关键要素，在常态管理时进行跟踪管理，做好应急准备，才能确保在蒙洼蓄洪区蓄洪过程中，应急方案的实施效果达到最佳。

第8章

总结与展望

8.1 研究结论

本书通过研究国内外文献，深入调研中国洪水应急管理现状，对非常规突发洪水的界定与特征进行分析，针对中国非常规突发洪水应急管理方面存在的问题——因为涉及对象众多，所以，导致非常规突发洪水事件中异构、不规则知识的表达问题；因为影响因素多、发生频率低，所以，导致非常规突发洪水事件演化分析中数据高维度、小样本的问题；因为决策时间紧迫、情景信息不确定，所以，导致必须充分利用专家知识、历史案例信息辅助决策的问题，将知识元理论引入非常规突发洪水应急管理，结合非常规突发洪水特征，建立基于知识元理论的非常规突发洪水"情景—应对"应急管理体系，对非常规突发洪水事件从知识表达、情景表示、演化分析到应急方案生成等应急管理全过程进行研究与探索，并以淮河流域非常规突发洪水应急管理为实例进行了验证，证明了知识元理论在非常规突发洪水应急管理领域的应用可行性，为非常规突发洪水应急管理的理论探索与实践应用提供了支持。主要研究成果及研究结论有以下五点。

（1）实现对非常规突发洪水事件系统中决策知识的通用表达。

基于知识元理论，对非常规突发洪水事件系统进行结构分析，划分非常规突发洪水事件系统的层次结构，抽取非常规突发洪水事件系统要素，建立非常规突发洪水事件结构模型，构建非常规突发洪水领域中突发事件、承灾载体、环境单元及应急管理活动等各要素知识元模型，以淮河流域阜阳段的河道水位上升事件、河道承灾体、河道水文监测应急管理活动为例进行实例验证，对非常规突发洪水事件系统中涉及的决策知识进行表达与存储。

（2）非常规突发洪水事件关联度计算。

基于超网络构建的非常规突发洪水事件关联度模型，利用知识元层面突发事件与承灾载体、环境单元间的连锁反应机理，描述非常规突发洪水事件之间的关联关系，并实现关联关系的定量化描述，通过沂沭河洪水事件进行验证，该关联度模型能够准确地表达相应流域特有的事件演化关系。

（3）非常规突发洪水事件演化风险计算。

在知识元层面，将前因事件与后果事件之间的事件演化风险转变到客观事物知识元内部，受输入属性影响，状态属性发生变化，导致客观事物输出属性变化的风险。针对非常规突发洪水事件演化情景的高维小样本特征，将投影寻踪方法与信息扩散理论结合，计算具有关联关系的非常规突发洪水事件间的演化风险。通过桃曲坡水库洪水漫坝事件进行验证，实现在知识元层面对非常规突发洪水事件的演化风险计算。

（4）非常规突发洪水关键情景的最优检索。

引入基于证据推理的置信规则库推理方法，借助专家经验与知识建立分层置信规则库系统，在非常规突发洪水发生初期，情景信息不完整或不确定的情况下，实现对历史情景的高精度检索。

（5）结合淮河流域的实际情况，从实践上验证基于知识元的非常规突发洪水"情景—应对"应急管理体系的可行性与合理性。

以淮河流域非常规突发洪水为例，构建淮河流域非常规突发洪水事件知识元系统，对非常规突发洪水应急情景进行规范表达，对关键情景进行界定，实现基于 RIMER 的蒙洼蓄洪区启用情景的最优检索，制定蒙洼蓄洪区启用应急方案，以此对非常规突发洪水应急管理体系的应用效果进行评价，并提出蒙洼蓄洪区应急管理对策建议。

8.2　展望

未来，笔者将在以下三个方面进一步深入研究。

（1）全流域非常规突发洪水事件领域知识元构建。

因为非常规突发洪水涉及面极其广泛，应急管理体系内部关系异常复杂，整个流域洪水事件系统的知识表达工作量特别巨大，相关数据获取困难，所以，本书只是构建了淮河流域部分河段的知识元体系，高效利用知识元理论优化全流域洪水事件系统的知识表达与知识存储、在某一流域非常规突发洪水应急管理中进行整体应用，将会是下一阶段的研究重点。

（2）与现有洪水应急管理体系与洪水应急决策系统的协同。

非常规突发洪水应急管理是一项极其复杂的工程，涉及众多部门、海量数据及海量参数、各层次洪水应急管理系统，本书所构建的基于"情景—应对"的非常规突发洪水应急管理体系，如何与目前各流域运行的洪水应急管理系统、洪水应急决策系统协同，将是进一步研究的内容。

（3）情景检索过程中情景应对方案的效果评价部分，需进一步研究。

　　在利用置信规则库进行案例情景相似度计算过程中，根据规则融合结果取一定阈值，可以对历史情景进行筛选，在此基础上，可考虑情景应对方案的效果对情景进行进一步筛选，以检索最相似、实施效果最佳的情景，能够为非常规突发洪水的应急决策提供更有用的辅助知识。

参考文献

［1］卞曰瑭，何建敏，庄亚明. 基于复杂网络的非常规突发事件的传播演化模型与仿真［J］. 统计与决策，2011（4）：22-24.

［2］蔡晨光，徐选华，王佩，等. 基于决策者信任水平和组合赋权的不完全偏好复杂大群体应急决策方法［J］. 运筹与管理，2019（5）：17-25.

［3］曹静，徐选华，陈晓红. 极端偏好影响的大群体应急决策风险演化模型［J］. 系统工程理论与实践，2019（3）：596-614.

［4］曹娴. 基于系统动力学的非常规突发事件演化机理研究［D］. 西安：西安科技大学，2012.

［5］陈安，陈宁. 现代应急管理中的九个问题［J］. 科技促进发展，2010（1）：33-38.

［6］陈长坤，纪道溪. 基于复杂网络的台风灾害演化系统风险分析与控制研究［J］. 灾害学，2012（1）：1-4.

［7］陈长坤，孙云凤，李智. 冰雪灾害危机事件演化及衍生链特征分析［J］. 灾害学，2009（1）：18-21.

［8］陈磊，陈世鸿，刘宇，王云华. 一种非常规突发事件演化的可计算模型［J］. 计算机工程与科学，2011（9）：63-69.

［9］陈蓉，王慧敏，佟金萍. 基于SPN的极端洪灾应急管理流程建模仿真［J］. 系统管理学报，2014（2）：238-246.

[10] 陈思. 基于 SCS 和 GIS 的城市内涝过程模拟及风险评估 [D]. 武汉：长江科学院，2019.

[11] 陈雪龙，董恩超，王延章，肖文辉，龚麒. 非常规突发事件应急管理的知识元模型 [J]. 情报杂志，2011（12）：22－26，17.

[12] 陈雪龙，肖文辉. 面向非常规突发事件演化分析的知识元网络模型及其应用 [J]. 大连理工大学学报，2013（4）：615－624.

[13] 陈英达. 突发事件情景间演化关系建模及推演方法研究 [D]. 大连：大连理工大学，2019.

[14] 陈湧. 基于知识元的突发事件案例信息抽取及检索 [D]. 大连：大连理工大学，2014.

[15] 陈玥. 基于灰色系统理论和云模型的反精确洪水灾害分析 [D]. 武汉：华中科技大学，2010.

[16] 迟菲，陈安. 突发事件衍生机理及其应对策略的研究 [J]. 中国安全科学学报，2014（4）：171－176.

[17] 崔丽. 基于知识元的多突发事件应对实施流程集成研究 [D]. 大连：大连理工大学，2013.

[18] 丁志雄. 基于 RS 与 GIS 的洪涝灾害损失评估技术方法研究 [D]. 北京：中国水利水电科学研究院，2004.

[19] 董恩超. 基于知识元的非常规突发事件演化模型研究 [D]. 大连：大连理工大学，2012.

[20] 董前进，王先甲，艾学山，等. 基于投影寻踪和粒子群优化算法的洪水分类研究 [J]. 水文，2007（4）：10－14.

[21] 范海军，肖盛燮，郝艳广，周丹，贺丽丽. 自然灾害链式效应结构关系及其复杂性规律研究 [J]. 岩石力学与工程学报，2006（S1）：2603－2611.

[22] 范维澄，霍红，杨列勋，翁文国，刘铁民，孟小峰. "非常规突发事件应急管理研究"重大研究计划结题综述 [J]. 中国科

学基金，2018（3）：297 – 305.

［23］范维澄，刘奕，翁文国. 公共安全科技的"三角形"框架与"4 + 1"方法学［J］. 科技导报，2009（6）：3.

［24］方志耕，杨保华，陆志鹏，刘思峰，陈晔，陈伟，姚国章. 基于 Bayes 推理的灾害演化 GERT 网络模型研究［J］. 中国管理科学，2009（2）：102 – 107.

［25］傅琼，赵宇. 非常规突发事件模糊情景演化分析与管理——一个建议性框架［J］. 软科学，2013（5）：130 – 135.

［26］高超，陈实. 淮河流域气象水文极端事件初步研究［C］. 中国灾害防御协会风险分析专业委员会第五届年会论文集. 中国灾害防御协会风险分析专业委员会，2012.

［27］高强，徐迎春，王露露. 关于濛洼蓄洪区安全建设的思考［J］. 江淮水利科技，2020（5）：29 – 30.

［28］葛小平，许有鹏，张琪，张立峰. GIS 支持下的洪水淹没范围模拟［J］. 水科学进展，2002（4）：456 – 460.

［29］郭艳敏. 基于知识元的非常规突发事件情景模型及生成［D］. 大连：大连理工大学，2012.

［30］郭增建，秦保燕. 灾害物理学简论［J］. 灾害学，1987（2）：25 – 33.

［31］韩喜双. 城市突发事件政府应急管理决策模型与运行机制研究［D］. 哈尔滨：哈尔滨工业大学，2010.

［32］郝振纯，鞠琴，王璐，王慧敏，江微娟. 气候变化下淮河流域极端洪水情景预估［J］. 水科学进展，2011（5）：605 – 614.

［33］胡明生，贾志娟，雷利利，洪流. 基于复杂网络的灾害关联建模与分析［J］. 计算机应用研究，2013（8）：2315 – 2318.

［34］胡四一，王银堂，谭维炎，仲志余，徐承隆，胡维忠. 长江中游洞庭湖防洪系统水流模拟——模型实现和率定检验［J］.

水科学进展，1996（4）：67－74.

［35］华国伟，余乐安，汪寿阳. 非常规突发事件特征刻画与应急决策研究［J］. 电子科技大学学报（社会科学版），2011（2）：33－36.

［36］黄崇福，刘安林，王野. 灾害风险基本定义的探讨［J］. 自然灾害学报，2010（6）：8－16.

［37］黄国如，芮孝芳. 基于运动波数值扩散的洪水演算方法［J］. 河海大学学报（自然科学版），2001（2）：110－113.

［38］黄晶，佘靖雯，袁晓梅，王慧敏. 基于系统动力学的城市洪涝韧性仿真研究——以南京市为例［J］. 长江流域资源与环境，2020（11）：2519－2529.

［39］季学伟，翁文国，赵前胜. 突发事件链的定量风险分析方法［J］. 清华大学学报（自然科学版），2009（11）：1749－1752，1756.

［40］姜波，张超，陈涛，等. 基于 Bayes 网络的暴雨情景构建和演化方法［J］. 清华大学学报（自然科学版），2021（6）：509－517.

［41］姜卉，黄钧. 罕见重大突发事件应急实时决策中的情景演变［J］. 华中科技大学学报（社会科学版），2009（1）：104－108.

［42］蒋卫国，李京，陈云浩，盛绍学，周冠华. 区域洪水灾害风险评估体系（Ⅰ）——原理与方法［J］. 自然灾害学报，2008（6）：53－59.

［43］蒋卫国，李京，武建军，邓磊，宫阿都. 区域洪水灾害风险评估体系（Ⅱ）——模型与应用［J］. 自然灾害学报，2008（6）：105－109.

［44］金菊良，魏一鸣，杨晓华. 基于遗传算法的神经网络及

其在洪水灾害承灾体易损性建模中的应用［J］．自然灾害学报，
1998（2）：56 - 63．

［45］金菊良，魏一鸣，杨晓华．基于遗传算法的洪水灾情评估神经网络模型探讨［J］．灾害学，1998（2）：6 - 11．

［46］雷声隆．洪水演算中的运动波法［J］．武汉水利电力学院学报，1986（5）：88 - 96．

［47］李红霞，袁晓芳，田水承．非常规突发事件系统动力学模型［J］．西安科技大学学报，2011（4）：476 - 481，504．

［48］李纪人，丁志雄，黄诗峰，胡亚林．基于空间展布式社经数据库的洪涝灾害损失评估模型研究［J］．中国水利水电科学研究院学报，2003（2）：27 - 33．

［49］李建伟．基于知识元的突发事件情景研究［D］．大连：大连理工大学，2012．

［50］李健行，夏登友，武旭鹏．基于知识元与动态贝叶斯网络的非常规突发灾害事故情景分析［J］．安全与环境学报，2014（4）：165 - 170．

［51］李光炽．流域洪水模拟通用模型结构研究［J］．河海大学学报（自然科学版），2005（1）：14 - 17．

［52］李慧嘉，贾传亮，佘廉．基于本体关联网络的非常规突发事件案例快速提示方法［J］．运筹与管理，2017（12）：68 - 76．

［53］李藐，陈建国，陈涛，袁宏永．突发事件的事件链概率模型［J］．清华大学学报（自然科学版），2010（8）：1173 - 1177．

［54］李梦雅，王军，沈航．洪灾应急疏散路径规划算法优化［J］．地球信息科学学报，2016（3）：362 - 368．

［55］李胜利．社会网络关系影响下的大群体共识决策问题研究［D］．扬州：扬州大学，2021．

［56］李仕明，张志英，刘樑，李璞．非常规突发事件情景概

念研究［J］. 电子科技大学学报（社会科学版），2014（1）：1 – 5.

　　［57］李仕明，刘娟娟，王博，肖磊. 基于情景的非常规突发事件应急管理研究——"2009 突发事件应急管理论坛"综述［J］. 电子科技大学学报（社科版），2010（1）：1 – 3 + 14.

　　［58］李勇建，乔晓娇，孙晓晨，李春艳. 基于系统动力学的突发事件演化模型［J］. 系统工程学报，2015（3）：306 – 318.

　　［59］李致家，朱跃龙，刘志雨，等. 中小河流洪水防控与应急管理关键技术的思考［J］. 河海大学学报（自然科学版），2021（1）：13 – 18.

　　［60］梁爽，贺山峰，王欣，李明启. 城市内涝灾害致灾机理分析与研究展望［J］. 防灾科技学院学报，2020（3）：77 – 83.

　　［61］廖力，邹强，何耀耀，曾小凡，周建中，张勇传. 基于模糊投影寻踪聚类的洪灾评估模型［J］. 系统工程理论与实践，2015（9）：2422 – 2432.

　　［62］刘灿. 突发事件案例情景间关联规则挖掘及推理研究［D］. 大连：大连理工大学，2017.

　　［63］刘高峰，龚艳冰，黄晶. 基于流域系统视角的城市洪水风险综合管理弹性策略研究［J］. 河海大学学报（哲学社会科学版），2020（3）：66 – 73.

　　［64］刘家福，梁雨华. 基于信息扩散理论的洪水灾害风险分析［J］. 吉林师范大学学报（自然科学版），2009（3）：78 – 80.

　　［65］刘佳琪. 基于知识元的应急案例表示与相似度算法研究［D］. 大连：大连理工大学，2018.

　　［66］刘娇. 非常规突发事件决策流程构建方法研究［D］. 大连：大连理工大学，2013.

　　［67］刘丽丽. 非常规突发事件元数据及信息模型研究［D］. 大连：大连理工大学，2012.

［68］刘樑，许欢，李仕明. 非常规突发事件应急管理中的情景及情景—应对理论综述研究［J］. 电子科技大学学报（社科版），2013（6）：20-24.

［69］刘浏，徐宗学. 太湖流域洪水过程水文—水力学耦合模拟［J］. 北京师范大学学报（自然科学版），2012（5）：530-536.

［70］刘乃朋. 基于知识元的应急管理模型表示及关联研究［D］. 大连：大连理工大学，2013.

［71］刘爽. 基于知识元的突发事件应急方案生成方法研究［D］. 大连：大连理工大学，2019.

［72］刘铁民. 应急预案重大突发事件情景构建——基于"情景—任务—能力"应急预案编制技术研究之一［J］. 中国安全生产科学技术，2012（4）：5-12.

［73］刘铁民. 重大突发事件情景规划与构建研究［J］. 中国应急管理，2012（4）：18-23.

［74］刘铁民. 重大事故动力学演化［J］. 中国安全生产科学技术，2006（6）：3-6.

［75］刘文方，肖盛燮，隋严春，周菊芳，高海伟. 自然灾害链及其断链减灾模式分析［J］. 岩石力学与工程学报，2006（S1）：2675-2681.

［76］刘文婧. 基于前景理论的突发事件应急响应群决策研究［D］. 无锡：江南大学，2018.

［77］刘霞，严晓，刘世宏. 非常规突发事件的性质和特征探析［J］. 北京航空航天大学学报（社会科学版），2011（3）：13-18.

［78］刘奕，王刚桥，苑盛成，张辉. 面向突发事件的复杂系统应急决策方法［M］. 北京：科学出版社，2018.

［79］刘懿. 松耦合模型驱动的流域水资源管理决策支持系统研究及应用［D］. 武汉：华中科技大学，2013.

［80］刘永志，唐雯雯，张文婷，等. 基于灾害链的洪涝灾害风险分析综述［J］. 水资源保护，2021（1）：20 – 27.

［81］刘则渊. 知识图谱的若干问题思考［R］. 大连：大连理工大学 WISE 实验室，2010.

［82］卢小丽，于海峰. 基于知识元的突发事件风险分析［J］. 中国管理科学，2014（8）：108 – 114.

［83］卢有麟，周建中，宋利祥，等. 基于 CCPSO 及 PP 模型的洪灾评估方法及其仿真应用［J］. 系统仿真学报，2010（2）：383 – 387 + 390.

［84］陆汝钤，金芝. 从基于知识的软件工程到基于知件的软件工程［J］. 中国科学（E 辑：信息科学），2008（6）：843 – 863.

［85］罗军刚，解建仓，陈田庆，汪妮. 基于事例推理技术的水库洪水调度研究与应用［J］. 水科学进展，2009（1）：32 – 39.

［86］吕孝礼，付帅泽，朱宪，等. 突发事件协同研判行为研究：研究进展与关键科学问题［J］. 中国科学基金，2020（6）：693 – 702.

［87］马骁霏，仲秋雁，曲毅，王宁，王延章. 基于情景的突发事件链构建方法［J］. 情报杂志，2013（8）：155 – 158 + 149.

［88］毛熙彦，蒙吉军，康玉芳. 信息扩散模型在自然灾害综合风险评估中的应用与扩展［J］. 北京大学学报（自然科学版），2012（3）：513 – 518.

［89］梅涛，肖盛燮. 基于链式理论的单灾种向多灾种演绎［J］. 灾害学，2012（3）：19 – 21.

［90］门可佩，高建国. 重大灾害链及其防御［J］. 地球物理学进展，2008（1）：270 – 275.

［91］穆锦斌，张小峰，谢作涛. 荆江—洞庭湖洪水演进模型和基本算法［J］. 人民长江，2008（18）：6 – 8，49，99.

［92］倪子建，荣莉莉. 面向灾害关联的灾害超网模型［J］.
系统管理学报，2013（3）：407 - 414.

［93］欧阳昭相. 突发事件领域知识元扩展及其关系研究［J］.
云南师范大学学报（自然科学版）. 2020（3）：40 - 45.

［94］亓菁晶，陈安. 突发事件与应急管理的机理体系［J］.
中国科学院院刊，2009（5）：496 - 503.

［95］钱静，刘奕，刘呈，焦玉莹. 案例分析的多维情景空间
方法及其在情景推演中的应用［J］. 系统工程理论与实践，2015
（10）：2588 - 2595.

［96］秦大河. 中国极端天气气候事件和灾害风险管理与适应
国家评估报告［R］. 北京：科学出版社，2015：10.

［97］仇蕾，王慧敏，马树建. 极端洪水灾害损失评估方法及
应用［J］. 水科学进展，2009（6）：869 - 875.

［98］裘江南，刘丽丽，董磊磊. 基于贝叶斯网络的突发事件
链建模方法与应用［J］. 系统工程学报，2012（6）：739 - 750.

［99］裘江南，王延章，董磊磊，叶鑫. 基于贝叶斯网络的突
发事件预测模型［J］. 系统管理学报，2011（1）：98 - 103，108.

［100］任福民，高辉，刘绿柳，等. 极端天气气候事件监测与
预测研究进展及其应用综述［J］. 气象，2014（7）：860 - 874.

［101］戎军涛，李兰. 知识元的本质、结构与运动机制研究
［J］. 情报理论与实践. 2020（1）：42 - 46.

［102］荣莉莉，张荣. 基于离散 Hopfield 神经网络的突发事件连
锁反应路径推演模型［J］. 大连理工大学学报，2013（4）：607 - 614.

［103］史培军. 四论灾害系统研究的理论与实践［J］. 自然灾
害学报，2005（6）：1 - 7.

［104］水利部淮河水利委员. 2012 年沂沭河暴雨洪水［M］.
北京：中国水利水电出版社，2014.

［105］佟金萍，黄晶，陈军飞. 洪灾应急管理中的府际合作模式研究［J］. 河海大学学报（哲学社会科学版），2015（4）：69 - 74，92.

［106］王本德，周惠成，程春田. 梯级水库群防洪系统的多目标洪水调度决策的模糊优选［J］. 水利学报，1994（2）：31 - 39，45.

［107］王冰，冯平. 梯级水库联合防洪应急调度模式及其风险评估［J］. 水利学报，2011（2）：218 - 225.

［108］王船海，李光炽. 行蓄洪区型流域洪水模拟［J］. 成都科技大学学报，1995（2）：6 - 14.

［109］王船海，李光炽. 流域洪水模拟［J］. 水利学报，1996（3）：44 - 50.

［110］王建，黄凤岗，景韶光，等. 基于 Petri 网的防汛会商建模技术研究［J］. 系统仿真学报，2005（9）：2265 - 2268.

［111］王贺，刘高峰，王慧敏. 基于云模型的城市极端雨洪灾害风险评价［J］. 水利经济，2014（2）：15 - 18 + 56 + 76.

［112］王红卫，冯余佳，祁超. 基于知识元模型的应急情景构建研究［J］. 武汉理工大学学报（信息与管理工程版），2017（4）：381 - 385.

［113］王宏伟. 中国应急管理的变革：难点、创新与挑战［J］. 中国安全生产，2019（3）：36 - 39.

［114］王宏伟. 应急管理部组建三周年纪（上）：在脱胎换骨中彰显制度优势［J］. 中国安全生产，2021（4）：26 - 29.

［115］王宏伟. 应急管理部组建三周年纪（下）：以深化改革推动应急管理现代化［J］. 中国安全生产，2021（5）：36 - 39.

［116］王慧敏，黄晶，刘高峰，佟金萍，曾庆彬. 大数据驱动的城市洪涝灾害风险感知与预警决策研究范式［J］. 工程管理科技前沿，2022（1）：35 - 41.

［117］王慧敏，刘高峰，陶飞飞，佟金萍．非常规突发水灾害应急合作管理与决策［M］．北京：科学出版社，2016．

［118］王慧敏，刘高峰，佟金萍，仇蕾．非常规突发水灾害事件动态应急决策模式探讨［J］．软科学，2012（1）：20－24．

［119］王慧敏，唐润．基于综合集成研讨厅的流域初始水权分配群决策研究［J］．中国人口·资源与环境，2009（4）：42－45．

［120］王金，冉启华，刘琳，潘海龙，叶盛．长江中下游流域极端洪水事件影响机制研究［J］．中国农村水利水电，2022（6）：119－124．

［121］王宁，陈湧，郭玮，仲秋雁，王延章．基于知识元的突发事件案例信息抽取方法［J］．系统工程，2014（12）：133－139．

［122］王宁，郭玮，黄红雨，王延章．基于知识元的应急管理案例情景化表示及存储模式研究［J］．系统工程理论与实践，2015（11）：2939－2949．

［123］王宁，黄红雨，仲秋雁，王延章．基于知识元的应急案例检索方法［J］．系统工程，2014（1）：124－132．

［124］王书霞，张利平，李意，等．气候变化情景下澜沧江流域极端洪水事件研究［J］．气候变化研究进展，2019（1）：23－32．

［125］王顺久．水资源评价的投影寻踪动态聚类模型［J］．四川大学学报（工程科学版），2008（5）：22－26．

［126］王雪华，刘乃朋，裘江南，王延章．基于知识元的应急决策模型表示方法研究［J］．电子科技大学学报（社科版），2013（4）：18－24＋86．

［127］王循庆．基于随机Petri网的震后次生灾害预测与应急决策研究［J］．中国管理科学，2014（S1）：158－165．

［128］王颜新，李向阳，徐磊．突发事件情境重构中的模糊规则推理方法［J］．系统工程理论与实践，2012（5）：954－962．

[129] 王延章. 模型管理的知识及其表示方法 [J]. 系统工程学报, 2011 (6): 850-856.

[130] 汪芸, 涂启玉, 陈华. 洪水演算中马斯京根法的新改进 [J]. 人民长江, 2008 (24): 23-25.

[132] 魏一鸣, 范英, 傅继良, 徐伟宣. 基于神经网络的洪水灾害预测方法 [J]. 中国管理科学, 2000 (3): 58-63.

[132] 魏一鸣, 张林鹏, 范英. 基于 Swarm 的洪水灾害演化模拟研究 [J]. 管理科学学报, 2002 (6): 39-46.

[133] 文斌, 张瑞新, 裘江南, 王延章. 突发事件应急管理知识元模型构建研究 [J]. 数学的实践与认识, 2013 (17): 89-97.

[134] 文庭孝. 知识单元的演变及其评价研究 [J]. 图书情报工作, 2007 (10): 72-76.

[135] 温宁, 刘铁民. 城市重大危机事件演化的动力学模型研究 [J]. 中国安全生产科学技术, 2011 (1): 10-13.

[136] 伍建涛. 三峡区域综合防洪应急态势推演及显示 [D]. 武汉: 华中科技大学, 2013.

[137] 伍俊斌, 刘雷震, 田丰, 等. 面向重大洪涝灾害应急响应的灾情动态评估方法研究——以 2018 年 8 月山东寿光洪涝灾害为例 [J]. 北京师范大学学报 (自然科学版), 2020 (6): 846-855.

[138] 吴永祥, 姚惠明, 王高旭, 沈国昌, 施睿, 侯保灯. 淮河流域极端旱涝特征分析 [J]. 水利水运工程学报, 2011 (4): 149-153.

[139] 吴悠. 基于知识元的应急决策活动基元模型研究 [D]. 大连: 大连理工大学, 2012.

[140] 吴志勇, 陆桂华, 刘志雨, 王金星, 肖恒. 气候变化背景下珠江流域极端洪水事件的变化趋势 [J]. 气候变化研究进展, 2012 (6): 403-408.

［141］闪淳昌. 我国应急管理的实践与发展——学习习近平总书记在庆祝中国共产党成立 100 周年大会上的讲话［J］. 中国应急管理，2021（9）：6 - 11.

［142］沈荣鉴. 考虑决策者行为的突发事件应急响应风险决策方法研究［D］. 沈阳：东北大学，2011.

［143］石密，刘春雷，时勘，等. 非常规突发事件关联网络集体行为意向的整合驱动路径研究［J］. 情报理论与实践，2020（1）：127 - 134.

［144］石湘，刘萍. 基于知识元语义描述模型的领域知识抽取与表示研究——以信息检索领域为例［J］. 数据分析与知识发现，2021（4）：123 - 133.

［145］舒其林. "情景—应对"模式下非常规突发事件应急资源配置调度研究［D］. 合肥：中国科学技术大学，2012.

［146］水利部水文局，长江水利委员会水文局. 水文情报预测技术手册［M］. 北京：中国水利水电出版社，2010.

［147］宋瑶. 基于动态博弈的智慧城市灾害应急决策研究［D］. 天津：天津大学，2017.

［148］宋英华，李旭彦，高维义，王蕾，王喆. 城市洪灾应急案例检索中的 RIMER 方法研究［J］. 中国安全科学学报，2015（7）：153 - 158.

［149］孙琳，王延章. 基于知识元的多源竞争情报融合方法研究［J］. 情报杂志，2017（11）：65 - 71.

［150］索传军，赖海媚. 学术论文问题知识元的类型与描述规则［J］. 中国图书馆学报，2021（2）：95 - 109.

［151］谭维炎，胡四一，王银堂，徐承隆，仲志余，胡维忠. 长江中游洞庭湖防洪系统水流模拟—— I . 建模思路和基本算法［J］. 水科学进展，1996（4）：57 - 66.

［152］唐润，王慧敏，牛文娟，梁慧文．流域水资源管理综合集成研讨厅探讨［J］．科技进步与对策，2010（2）：20－23.

［153］向良云．非常规群体性突发事件演化机理研究［D］．上海：上海交通大学，2012.

［154］肖文辉．非常规突发事件知识元获取及知识元网络模型［D］．大连：大连理工大学，2013.

［155］谢柳青，易淑珍．水库群防洪系统优化调度模型及应用［J］．水利学报，2002（6）：38－42，46.

［156］谢晓珊．基于知识元的突发事件推演规则验证方法研究［D］．大连：大连理工大学，2017.

［157］徐绪堪，高伟，高林，孙峰．情报视角下城市型水灾害突发事件应急情报分析研究［M］．北京：中国水利水电出版社，2019.

［158］徐选华，黄丽．基于复杂网络的大群体应急决策专家意见与信任信息融合方法及应用［J］．数据分析与知识发现，2022（Z1）：348－363.

［159］徐选华，刘尚龙，陈晓红．基于公众偏好大数据分析的重大突发事件应急决策方案动态调整方法［J］．运筹与管理，2020（7）：41－51.

［160］徐选华，马志鹏，陈晓红．大群体冲突、风险感知与应急决策质量的关系研究：决策犹豫度的调节作用［J］．管理工程学报，2020（6）：90－99.

［161］徐选华，张前辉．社会网络环境下基于共识的风险性大群体应急决策非合作行为管理研究［J］．控制与决策，2020（10）：2497－2506.

［162］徐宗学，陈浩，任梅芳，程涛．中国城市洪涝致灾机理与风险评估研究进展［J］．水科学进展，2020（5）：713－724.

［163］鄢来标. 基于 BP 网络的河道洪水贝叶斯概率预报研究
［D］. 武汉：华中科技大学，2008.

［164］杨保华，方志耕，刘思峰，胡明礼. 基于 GERTS 网络
的非常规突发事件情景推演共力耦合模型［J］. 系统工程理论与实
践，2012（5）：963 - 970.

［165］杨继君，曾子轩. 基于态势预测的非常规突发事件应急
决策模型构建［J］. 统计与决策，2018（18）：43 - 47.

［166］杨元勋. 社会性突发事件链式反应机理研究［D］. 太
原：太原科技大学，2013.

［167］姚清林. 自然灾害链的场效机理与区链观［J］. 气象与
减灾研究，2007（3）：31 - 36，75.

［168］尹洁，施琴芬，李锋. 面向应急决策的极端洪水关键情
景推理研究［J］. 管理评论，2019（10）：255 - 262.

［169］于超，邬开俊，张梦媛，等. 非常规突发事件的情景构
建与演化分析［J］. 兰州交通大学学报，2020（3）：39 - 46.

［170］于超. 非常规突发事件的情景构建与演化分析［D］.
兰州：兰州交通大学，2020.

［171］于海峰. 基于知识元的突发事件系统结构模型及演化研
究［D］. 大连：大连理工大学，2013.

［172］余瀚，王静爱，柴玫，史培军. 灾害链灾情累积放大研
究方法进展［J］. 地理科学进展，2014（11）：1498 - 1511.

［173］袁晓芳，田水承，王莉. 基于 PSR 与贝叶斯网络的非常
规突发事件情景分析［J］. 中国安全科学学报，2011（1）：
169 - 176.

［174］袁宏永，付成伟，疏学明，陈涛. 论事件链、预案链在应
急管理中的角色与应用［J］. 中国应急管理，2008（1）：28 - 31.

［175］岳明亮. 城市暴雨内涝风险模拟与预警研究［D］. 郑

州：华北水利水电大学，2019.

　　［176］詹红兵. 面向应急救援的洪涝灾害风险分析［J］. 湖南安全与防灾，2021（10）：54 - 57.

　　［177］张承伟，戴文超，李建伟，王石影，王延章. 基于知识元的突发事件情景库研究［J］. 情报杂志，2013（8）：159 - 164，135.

　　［178］张承伟，李建伟，陈雪龙. 基于知识元的突发事件情景建模［J］. 情报杂志，2012（7）：11 - 15，43.

　　［179］张大伟，向立云，李娜，等. 防洪减灾理论及技术研究进展［J］. 中国防汛抗旱，2022（1）：7 - 15.

　　［180］张桂清. 群体决策的共识模型研究［D］. 西安：西安交通大学，2011.

　　［181］张辉，刘奕，刘艺. 突发事件应急决策支持的理论与方法［M］. 北京：科学出版社，2020.

　　［182］张萌，陈佳惠，孙然然，等. 基于规则的城市轨道交通安全事件信息抽取及其知识元表示［J］. 科学技术与工程，2021（15）：6435 - 6440.

　　［183］张乐，王慧敏，佟金萍. 突发水灾害应急合作的行为博弈模型研究［J］. 中国管理科学，2014（4）：92 - 97.

　　［184］张磊，王延章. 考虑知识模糊性的应急决策知识融合方法［J］. 系统工程理论与实践，2017（12）：3235 - 3243.

　　［185］张利平，杜鸿，夏军，徐霞. 气候变化下极端水文事件的研究进展［J］. 地理科学进展，2011（11）：1370 - 1379.

　　［186］张伟. 基于复杂社会网络的网络舆情演化模型研究［D］. 哈尔滨：哈尔滨工业大学，2014.

　　［187］张震. 安徽省淮河流域行蓄洪区建设实践与探讨［J］. 中国防汛抗旱，2022（4）：15 - 19.

［188］张震，夏广义，辜兵．安徽省淮河洪水及行蓄洪区调度决策风险管理系统研究与开发［J］．人民珠江，2018（11）：157-164.

［189］张志霞，郝纹慧．基于知识元的突发灾害事故动态情景模型［J］．油气储运，2019（9）：980-987.

［190］赵红州，唐敬年，蒋国华，郑文艺．知识单元的静智荷及其在荷空间的表示问题［J］．科学学与科学技术管理，1990（1）：37-41.

［191］赵红州，唐敬年，蒋国华，郑文艺．知识单元的静智荷及其在荷空间的表示问题（续一）［J］．科学学与科学技术管理，1990（2）：39-43.

［192］赵云锋．非常规突发事件的应急管理研究［D］．上海：复旦大学，2009.

［193］钟佳，刘钢．城市防汛应急物资储备模式研究［J］．人民长江，2013（20）：102-106.

［194］钟永光，毛中根，翁文国，杨列勋．非常规突发事件应急管理研究进展［J］．系统工程理论与实践，2012（5）：911-918.

［195］周超，王红卫，江兴稳．流域水系突发事件演化分析及水库应急调度响应［J］．水电能源科学，2014（10）：43-47，25.

［196］周平．扩散波方程数值解及其在洪水演算中的应用［D］．南京：河海大学，2007.

［197］朱辉，何祺胜，李金阳，陈丽．基于多源遥感数据的蓄洪区洪涝遥感监测与分析［J］．河海大学学报（自然科学版），2022（4）：50-57.

［198］朱秀全，余彦群，徐艳．淮河干流行蓄洪区调整规划及实施情况［J］．治淮，2020（12）：17-19.

［199］朱正威，吴佳．新时代中国应急管理：变革、挑战与研

究议程 [J]. 公共管理与政策评论, 2019 (4): 47 – 53.

[200] 仲秋雁, 路光, 王宁. 基于知识元模型和系统动力学模型的突发事件仿真方法 [J]. 情报科学, 2014 (10): 15 – 19.

[201] 邹强, 周建中, 周超, 宋利祥, 郭俊, 杨小玲. 基于可变模糊集理论的洪水灾害风险分析 [J]. 农业工程学报, 2012 (5): 126 – 132.

[202] Abdalla R. , Niall K. Web GIS-based Flood Emergency Management Scenario [C]. 2009 International Conference on Advanced Geographic Information Systems and Web Services, 2009: 7 – 12.

[203] Andreis F. D. A Theoretical Approach to the Effective Decision-Making Process [J]. Open Journal of Applied Sciences. 2020 (6): 22 – 35.

[204] Biondi F. , Kozubowski T. J. , Panorska A. K. A New Model for Quantifying Climate Episodes [J]. International Journal of Climatology, 2010 (9): 1253 – 1264.

[205] Biondi F. , Kozubowski T. J. , Panorska A. K. , et al. A New Stochastic Model of Episode Peak and Duration for Eco-hydro-climatic Applications [J]. Ecological Modelling, 2017 (3 – 4): 383 – 395.

[206] Beniston M. , Stephenson D. B. , Christensen O. B. , et al. Future Extreme Events in European Climate: An Exploration of Regional Climate Model Projections [J]. Climate Change, 2007 (S1): 71 – 95.

[207] Burkholder B. T. , Toole M. J. Evolution of Complex Disasters [J]. The Lancet, 1995 (8981): 1012 – 1015.

[208] Esteves L. S. Consequences to Flood Management of Using Different Probability Distributions to Estimate Extreme Rainfall [J]. Journal of Environmental Management, 2013 (1): 98 – 105.

［209］ Elshaboury N. , Attia T. , Marzouk M. Comparison of Several Aggregation Techniques for Deriving Analytic Network Process Weights ［J］. Water Resources Management, 2020 （15）: 4901 – 4919.

［210］ Hall J. W. , Sayers P. B. , Dawson R. J. National-scale Assessment of Current and Future Flood Risk in England and Wales ［J］. Nature Hazards, 2005 （1 – 2）: 147 – 164.

［211］ Harris D. J. , O'Boyle M. , Warbrick C. Law of the European Convention on Human Rights ［M］. Oxford: Oxford University Press, 2014.

［212］ Shaluf I. M. , Ahmadun F. R. , Said A. M. , et al. Technological Man-made Disaster Precondition Phase Model for Major Accidents ［J］. Disaster Prevention & Management, 2002 （5）: 380 – 388.

［213］ Shaluf I. M. , Ahmadun F. R. , Mustapha S. A. Technological Disaster's Criteria and Models ［J］. Disaster Prevention and Management: An International Journal, 2003 （4）: 305 – 311.

［214］ IPCC. Climate change 2007: The Physical Sciences Basis ［M］. Cambridge: Cambridge University Press, 2007.

［215］ Fitzpatrick J. M. Human Rights in Crisis: The International System for Protecting Rights during States of Emergency ［M］. Philadelphia: University of Pennsylvania Press, 1994.

［216］ Josefa Z. Hernandez, Serrano M. Knowledge-based Models for Emergency Management Systems ［J］. Expert Systems with Applications, 2001 （14）: 173 – 186.

［217］ Karl T. R. , Meehl G. A. , Miller C. D. , et al. Weather and Climate Extremes in A Changing Climate ［R］. Hawaii: The US Climate Change Science Program, 2008.

［218］ KaPlan S. , Garrick B. J. On the Quantitative Definition of

Risk [J]. Risk Analysis, 1981 (1): 1 - 9.

[219] Karsten P. , Lubos B. , Dirk H. Modelling of Cascading Effects and Efficient Response to Disaster Spreading in Complex Networks [J]. International Journal of Critical Infrastructures, 2008 (1): 46 - 62.

[220] Kuller M. , Schoenholzer K. , Lienert J. Creating Effective Flood Warnings: A Framework from A Critical Review [J]. Journal of Hydrology, 2021, 602: 126708 - 126724.

[221] Lubos B. , Karsten P. , Dirk. Modelling the Dynamics of Disaster Spreading in Networks [J]. Physica A: Statistical Mechanics and its Applications, 2006 (1): 132 - 140.

[222] Mei-Shiang Chang, YaLing Tseng, Jing Wen Chen. A Scenario Planning Approach for the Flood Emergency Logistics Preparation Problem Under Uncertainty [J]. Transportation Research Part E, 2007 (6): 737 - 754.

[223] Mileti D. S. , Cress D. M. , Darlington D. R. Earthquake Culture and Corporate Action [J]. Sociological Forum, 2002 (1): 161 - 180.

[224] Mileti D. S. Natural Hazard Warning Systems in the Unites States: A Research Assessment [J]. University of Colorado Institute of Behavioral Science, 1975 (3): 1969 - 2063.

[225] Liu P. D. , Zhang X. H. , Witold P. A Consensus Model for Hesitant Fuzzy Linguistic Group Decision-Making in the Framework of Dempster-Shafer Evidence Theory [J]. Knowledge-Based Systems, 2020 (1): 55 - 64.

[226] Ren F. , Cui D. , Gong Z. , et al. An Objective Identification Technique for Regional Extreme Events [J]. Journal of Climate, 2012 (20): 7015 - 7027.

[227] Sarewitz D., Pielke R. Extreme Events: A Framework for Organizing, Integrating and Ensuring the Public Value of Research [R]. Colorado: Report of a Workshop Held in Boulder, 2000.

[228] Sultana S., Zhi C. Modeling of Flood-Related Interdependencies among Critical Infrastructures [J]. Geometrics Solutions for Disaster Management, 2007: 369 – 387.

[229] Simonovic, S. P., Ahmad, S. Computer-based Model for Flood Evacuation Emergency Planning [J]. Natural Hazards, 2005 (1): 25 – 51.

[230] Stallings R. A., Quarantelli E. L. Emergent Citizen Groups and Emergency Management [J]. Public Administration Review, 1985, 45: 93 – 100.

[231] Tang Q., Wang J., Jing Z. Tempo-spatial changes of Ecological Vulnerability in Resource-based Urban Based on Genetic Projection Pursuit Model [J]. Ecological Indicators, 2021 (2): 107 – 139.

[232] Tingsanchali T., Keokhumacheng Y. A Method for Evaluating Flood Hazard and Flood Risk of East Bangkok Plain, Thailand [J]. P I Civil Eng-Eng Su, 2019 (7): 385 – 392.

[233] Toft B., Reynolds S. Learning from Disasters [M]. Oxford: Butterworth Heinemann, 1994.

[234] Turner B. A. The Organizational and Interorganizational Development of Disasters [J]. Administrative Science Quarterly, 1976 (3): 378 – 397.

[235] UNDP (United Nations Development Program). Reducing Disaster Risk: A Challenge for Development [M]. UNDP Bureau for Crisis Prevention and Recovery, New York: John S. Swift Co., 2004.

[236] Vachaud G., Quertamp F., Phan Thi San Ha, et al. Flood-

related Risks in Ho Chi Minh City and Ways of Mitigation [J]. Journal of Hydrology, 2019 (1): 1021 - 1027.

[237] Van der Most H. , Wehrung M. Dealing with Uncertainty in Flood Risk Assessment of Dike Rings in the Netherlands [J]. Nature Hazards, 2005 (1): 191 - 206.

[238] Vinten A. , Kuhfuss L. , Shortall O. , et al. Water for All: Towards An Integrated Approach to Wetland Conservation and Flood Risk Reduction in A Lowland Catchment in Scotland [J]. Journal of Environmental Management, 2019 (9): 881 - 896.

[239] Vuik V. , Borsje B. W. , Willemsen P. W. J. M. , et al. Salt marshes for Flood Risk Reduction: Quantifying Long-term Effectiveness and Life-cycle Costs [J]. Ocean and Coastal Management, 2019 (4): 96 - 110.

[240] Wang D. , Fu X. , Luan Q. Effectiveness Assessment of Urban Waterlogging Mitigation for Low Impact Development in Semi-mountainous Regions under Different Storm Conditions [J]. Hydrology Research, 2021 (1): 284 - 304.

[241] Wilson M. T. Assessing Voluntary Resilience Standards and Impacts of Flood Risk Information [J]. Building Research & Information, 2020 (1): 84 - 100.

[242] WMO. Report of the Meeting of the Management Group of the Commission for Climatology [R]. Geneve, 2010 (3).

[243] Xiao J. , Wang X. L. , Zhang H. J. Managing Personalized Individual Semantics and Consensus in Linguistic Distribution Large-scale Group Decision Making [J]. Information Fusion, 2020 (6): 20 - 34.

[244] Xu W. , Cong J. , Proverbs D. , Zhang L. An Evaluation of Urban Resilience to Flooding [J]. Water, 2021 (15): 202 - 203.

［245］ Yalcine E. Two-dimensional hydrodynamic modelling for urban flood risk assessment using unmanned aerial vehicle imagery：A case study of Kirsehir, Turkey［J］. Journal of Flood Risk Management, 2019 （S1）：1 - 14.

［246］ Yang J. B., Wang Y. M., Xu D. L., et al. Belief rule-based methodology for mapping consumer preferences and setting product targets ［J］. Expert systems with applications, 2012 （5）：4749 - 4759.

［247］ Yang J. B., Liu J., Xu D. L., et al. Optimization models for training belief-rule-based systems ［J］. IEEE transactions on systems, man, and cybernetics-Part A：systems and humans, 2007 （4）：569 - 585.

［248］ Yang J. B., Liu J., Wand J. Belief rule-base inference methodology using the evidential reasoning approach-RIMER ［J］. Systems Man and Cybernetics （Part A）, 2006 （2）：266 - 285.

［249］ Yu H., Zhao Y., Xu T., Li J., Tang X., Wang f., Fu Y. A high-efficiency global model of optimization design of impervious surfaces for alleviating urban waterlogging in urban renewal ［J］. Transactions in GIS, 2021 （4）：1 - 25.

［250］ Zehra D., Mbatha S., Campos L. C., et al. Rapid flood risk assessment of informal urban settlements in Maputo, Mozambique ［J］. International Journal of Disaster Risk Reduction, 2019 （11）：1 - 12.

［251］ Zelenakova M., Fijko R., Labant S., et al. Flood risk modelling of the Slatvinec stream in Kruzlov village, Slovakia［J］. Journal of Cleaner Production, 2019 （3）：109 - 118.

［252］ Zellou B., Rahali H. Assessment of the joint impact of extreme rainfall and storm surge on the risk of flooding in a coastal area ［J］. Journal of Hydrology, 2018 （12）：647 - 665.

［253］ Zhong X., Xu X., Chen X., et al. Large group decision -

making incorporating decision risk and risk attitude：A statistical approach ［J］. Information Sciences，2020（4）：120 – 137.

　　［254］Khan M.，Hussain Z.，Ahmad I. Modeling of flood extremes using regional frequency analysis of sites of Khyber Pakhtunkhwa，Pakistan ［J］. Journal of Flood Risk Management，2021（4）：1271 – 1276.